兖州矿区
强矿震机制及降震实践

张修峰 / 著

Yanzhou Kuangqu

Qiangkuangzhen Jizhi ji

Jiangzhen Shijian

中国矿业大学出版社
·徐州·

内 容 提 要

本书系统总结了山东兖州矿区矿震区块化分布及震动特征,研究了坚硬顶板破断及滑移的致震机理和地质模型,分析了矿震发生的影响因素及其机制,研究了矿震发生与上覆坚硬巨厚侏罗系红层的相互作用关系,揭示了兖州矿区矿震发生机理及矿震能量传播与衰减规律,提出了矿震对矿井安全生产的影响作用以及矿震的综合监测与系统防控方法。

本书可供从事煤矿开采过程中冲击地压、矿震等研究的科技工作者、工程技术人员及学生参考使用。

图书在版编目(CIP)数据

兖州矿区强矿震机制及降震实践 / 张修峰著. —徐州:中国矿业大学出版社,2021.10

ISBN 978 - 7 - 5646 - 5166 - 4

Ⅰ. ①兖… Ⅱ. ①张… Ⅲ. ①矿井—地震研究—兖州

Ⅳ. ①TD7

中国版本图书馆 CIP 数据核字(2021)第 202343 号

书　　名	兖州矿区强矿震机制及降震实践
著　　者	张修峰
责任编辑	王美柱
出版发行	中国矿业大学出版社有限责任公司
	(江苏省徐州市解放南路　邮编 221008)
营销热线	(0516)83884103　83885105
出版服务	(0516)83995789　83884920
网　　址	http://www.cumtp.com　E-mail:cumtpvip@cumtp.com
印　　刷	徐州中矿大印发科技有限公司
开　　本	787 mm×1092 mm　1/16　印张 8.5　字数 212 千字
版次印次	2021 年 10 月第 1 版　2021 年 10 月第 1 次印刷
定　　价	45.00 元

(图书出现印装质量问题,本社负责调换)

序

随着煤矿开采深度和开采强度的不断增加,矿震、冲击地压等煤岩动力灾害已经成为一些矿井的主要灾害。近年来,兖州矿区东滩煤矿、鲍店煤矿和南屯煤矿矿震频发,另外我国西部矿区也开始出现高能级矿震,引起了社会的高度关注。

兖州矿区基岩分布巨厚红色砂岩层(简称"红层"),受采掘工程影响巨厚红层运动产生矿震对地面建筑和居民生活造成了严重影响,其中东滩煤矿是受矿震影响最严重的矿井,矿井的安全生产受到威胁。

《兖州矿区强矿震机制及降震实践》一书是在作者负责并参与的科研项目"千米深井灾害防治关键技术及装备研究与工程示范""东滩煤矿 $63_{\pm}03$ 工作面顶板断裂监测和高位岩层水力预裂效果评价研究""深井巨厚岩层高压水致裂动力灾害治理技术研究"的基础上进一步补充和深化完成的,同时借鉴了科研项目"鲍店煤矿主关键层运动与十采区矿震"的部分成果。本书主要内容包括:第1章介绍了矿震定义及分类、矿震与冲击地压的关系,提出了下一步矿震研究的重点、难点及方向;第2章介绍了兖州矿区(东滩煤矿、鲍店煤矿和南屯煤矿)矿震特征和发生规律;第3章介绍了覆岩型矿震机理,主要从板理论方面揭示了红层破断诱发矿震的机制以及矿震的时-空分布规律;第4章介绍了矿震对矿井安全生产的影响,主要分析了矿震对地面、井下的影响,对应力场和涌水的影响;第5章介绍了矿震减震的方法,并在东滩煤矿的 $63_{\pm}03$ 和 $63_{\pm}06$ 工作面分别试验开展了井下低位岩层深孔水力压裂和地面直井高位关键层顶板高压水力压裂两种减震工程实践,取得了初步的效果,并对巷道的抗矿震能力评估方法进行了介绍。本书包含大量关于矿震机理和防治技术的新思想和新观念,其中部分理论有待进一步深入研究和优化。全书组织了大量的数据及素材,并附有大量的图表来进行分析和说明,易于读者理解和学习。

在撰写本书过程中参阅了大量国内外学者关于矿震方面的专业文献,对相关文献作者表示真诚感谢。感谢陆菜平教授团队、姜福兴教授团队和窦林名教授团队的指导和帮助。感谢兖矿能源集团股份有限公司原总工程师孟祥军研究员、兖州煤业股份有限公司原总工程师王春耀研究员、东滩煤矿总工程师谢华东高级工程师、鲍店煤矿矿长郭英研究员、南屯煤矿总工程师暴晓庆高级工程师以及现场技术人员在数据分析和实践中给予的帮助。

　　由于作者水平所限，书中存在的疏漏之处在所难免，敬请读者不吝指教。

作　者

2021 年 5 月

目　　录

1 引 言

　　矿山开采诱发地震简称"矿震",在矿区常称为煤爆、岩爆或冲击地压。通常,在地下开矿挖井时形成大面积空洞,受局部构造应力、采掘附加应力和大地应力场变化的影响,在局部地带形成高应力集中,在一定的诱发条件下,存储的能量急剧而猛烈地释放出来,引起强烈的地面晃动和摇动。矿震震源浅,面波丰富,属于人为诱发地震。矿震的周期比天然地震的要长,这与矿震所激发的地震波在较浅的地层传播有关。矿震是煤岩体破裂过程辐射的弹性波,由于矿震震源浅、频次高,较小级别的矿震就能造成地面明显的震感。矿震的强度和频次随着开采深度和掘进量的不断增加而日益增大。全球统计结果表明,开采深度大于500 m的矿山就有发生 M_L 3.0级以上矿震的可能。一部分矿震发生地点靠近工作面,与工作面的破裂变形相联系,其震级较小,但对工作面影响较大;另外一部分矿震发生地点距离工作面较远,与大的地质间断面的运动相联系,其震级较大,地面震感明显,但对工作面影响不大。

　　随着矿井开采深度不断增加,矿震、冲击地压等矿山动力灾害已经成为一些矿井的主要灾害。地震和矿震都是地体运动的一种力学剧烈变化过程,可以将地震模拟为一个间断面的错动,将矿震模拟为一个孔洞边界上的应力集中引发的破裂(任振起,1999)。矿震具有许多天然地震的特征,并与近邻区域的较大天然地震存在一定的关系(任振起等,1997),特别是1989年10月18日山西大同—阳高6.1级地震及1998年1月10日河北张北6.2级地震有较好的前兆反映,据此认为该矿的矿震可作为地震活动中尺度监测的一种方法及监视区域应力场变化的一个天然"窗口"。

　　采动形成的地层蓄能结构大规模瞬间失稳是发生矿震的根本原因,主要表现形式为厚硬岩层破断、大范围岩层移动、矿(煤)柱失稳、构造活化等(姜福兴等,2013;王平,2011;贺虎等,2011;成云海等,2006)。同时有的研究(周超等,2019)认为,原岩应力与断层构造应力耦合型矿震发生的原因是开挖巷道或者开切眼导致原岩应力重新分布,在应力增高段遇到断层构造应力,两种应力叠加使断层活化失稳,诱发矿震。矿震诱发冲击地压预警是世界性难题(姜福兴等,2015b);通过多年的监测预警机制研究和现场实测发现,采场监测区域应力突降是此类型冲击地压的典型前兆之一。

　　本书将结合兖州矿区矿震特征,对高位覆岩型矿震机制进行分析与定量计算,进一步评估矿震对矿井安全生产的影响,最终依据计算与实际情况分析提出切实可行的矿震监测和减震方法,为煤矿的矿震治理提供一定的借鉴与指导。

1.1 矿震的定义及分类

　　矿震是矿区内在区域应力场和采矿活动作用综合影响下,采区及周围应力处于失调不稳的异常状态,在局部地区积累了一定能量后以冲击或重力等作用方式释放出来而产生的岩层震动(齐庆新等,2003)。矿震主要发生在地质构造比较复杂、地应力(构造应力)较大、断裂活动比较显著的矿区。重复采动也会引发矿震(姜福兴等,2015a),其机理一是采高增加造成采空区上方顶板"活化",导致原铰接平衡岩层结构发生滑落或剪切失稳,引发矿震;二是顶板岩层移动线外扩,导致边界区域岩层在平面和高度方向活动范围增加,造成高应力集中区巨厚岩层大范围失稳,引发强烈矿震。矿震发生还与构造应力密切相关,强矿震大部分发生在向斜轴部;向斜轴部冲击危险高于其他位置。

矿震可以分为大范围岩层移动诱发的矿震、高位硬岩破断诱发的矿震、煤柱失稳诱发的矿震等。

矿震按成因又分为顶板断裂型矿震以及断层滑移型矿震。顶板断裂型矿震是顶板岩梁拉伸断裂失稳而产生的,多发生于坚硬、致密、完整且厚的工作面顶板岩体中,及采空区的大面积空顶部位;断层滑移型矿震主要发生在采掘活动接近断层时,受采矿活动影响而使断层突然滑移"活化"形成,其震动过程与岩体剪切破坏类似,震动释放能量往往更高。

综上,矿震是矿区开采导致煤岩体积聚能量突出释放而形成的自然震动现象,其震源能量大小、位置及类型均会对矿井的安全造成不同程度的影响,其中浅源的大能量矿震事件危害较大,必须加强监测和治理。

1.2 矿震与冲击地压的关系

在煤炭行业中,将煤岩体以突然、急剧、猛烈的形式释放弹性能,导致煤岩层瞬时破坏并伴随煤体的冲击,甚至造成井巷的破坏以及人员伤亡事故的现象,作为行业标准,统一称为冲击地压。

岩爆是高地应力条件下地下工程开挖过程中,硬脆性围岩开挖卸荷导致储存于岩体中的弹性应变能突然释放,从而产生爆裂松脱、剥落、弹射甚至抛掷的一种动力失稳地质灾害。

冲击地压和岩爆,往往会导致矿震的发生。而矿震则不一定会导致冲击地压或岩爆的发生。即冲击地压和岩爆往往是矿震的诱发因素,反之则不一定成立。

另外,冲击地压的发生地点可能是震中,也可能是距震中很远的地方。因此,矿震和冲击地压的基本关系为:① 冲击地压是矿震的事件集合之一;② 冲击地压是岩体震动集合中的子集;③ 每一次冲击地压的发生都会产生矿震,但并非每一次矿震都会诱发冲击地压。

冲击地压是矿山压力的一种特殊显现形式。所谓冲击地压是指矿山井巷和采场周围煤岩体由于弹性能释放而产生的以突然、急剧、猛烈的破坏为特征的动力现象。而矿震是指采矿活动引起的诱发地震,是煤岩介质在矿区构造应力场或采掘活动作用下聚集的弹性应变能释放,造成采掘空间周围岩体破裂、滑移和突然卸压的现象。值得注意的是,冲击地压多发生在近场,矿震多发生在远场;冲击地压都伴随矿震发生,往往造成采掘空间支护设备的破坏及巷道变形,严重时造成人员伤亡、井巷毁坏,甚至引起地表塌陷而造成局部地震,而矿震可以是小能量的岩体卸压,如"煤炮""板炮"或者更小的煤岩微破裂,一般不会诱发冲击地压。

矿震引发的冲击地压表现在回采强度增加引起上覆关键层破断失稳,而失稳后的关键层在高垂直应力和自重应力下发生大面积回转并作用在煤壁前方的应力集中区,造成煤岩体瞬间破裂而引发冲击地压。近场强矿震释放的部分动能传递至下方的煤岩体,可能诱发采场形成冲击地压灾害。在关键层断裂回转失稳过程中,如果超前支承压力峰值位置在煤壁附近,则极易诱发工作面周围冲击;如果超前支承压力峰值位置在煤壁深部,由于深部煤体处于三向应力状态,一般不易诱发冲击地压。

1.3 矿震的危害及影响

矿震由于其震源浅,传递至地表的能量衰减差,同时对震中附近的煤岩体产生明显震动卸荷效应,有可能导致煤层中瓦斯的异常涌出现象,还会导致矿区地面建筑的变形破坏。强矿震还有可能造成地下采掘空间支护设备的破坏以及采掘空间的变形,导致底鼓、液压支柱弯曲和折断、两帮移近量增大,严重时造成人员伤亡和井巷的毁坏,甚至引起地表塌陷而造成局部浅源地震。

强矿震容易影响矿区的正常生产,造成矿区长时间停工,甚至无法正常回采工作面,永久关停,经济损失极其巨大。例如,2004 年 10 月 14 日、11 月 21 日和 11 月 29 日,陕西地震台网记录到在陕西榆林地区的神木和府谷相继发生了 M_L 4.2、M_L 3.2 和 M_L 3.4 级地震,经陕西省地震局榆林地震考察组落实,三次地震都是典型的煤炭采空区塌陷引起的矿震事件。2004 年 10 月 14 日的 M_L 4.2 级矿震也是我国目前记录到的煤炭采空区塌陷引起的较大矿震。近两年,煤矿区发生了一些灾害型的矿震事件。例如,2019 年 6 月 9 日 20 时 01 分,吉林省龙家堡矿业有限责任公司发生 M_L 2.3 级矿震,导致井下当班作业人员被困,事故共造成 9 人遇难、10 人受伤。

1.3.1 对井下的影响

强矿震对井下巷道的影响主要是动力将煤岩抛向巷道,破坏巷道周围煤岩的结构及支护系统。支护系统作为保障巷道稳定性的关键,当所遇矿震的震级较大时,极易丧失承载功能,造成巷道破坏,可能诱发冲击地压、煤与瓦斯突出以及突水等。其中最为严重的是诱发瓦斯爆炸事故,例如,2003 年淮北芦岭煤矿"5·13"顶板冲击震动引起采空区瓦斯喷出导致瓦斯爆炸,造成 86 名矿工死亡。最为惨痛的是,2005 年 2 月 14 日,辽宁阜新孙家湾煤矿"2·14"矿震引发瓦斯爆炸事故,矿难导致 214 名工人死亡。该事故直接原因是,M_L 2.5 级的矿震造成 3316 工作面风道外段大量瓦斯异常涌出,3316 工作面风道里段掘进工作面局部停风造成瓦斯积聚,致使回风流中瓦斯浓度达到爆炸界限,工人违章带电检修照明信号综合保护装置产生电火花,从而引起瓦斯爆炸。

1.3.2 对地表建筑物的影响

矿震不仅会对井下巷道造成破坏,对井下工作人员造成伤害,还会对地表建筑物造成损坏,震级较大时甚至会造成地震那样的灾难性后果。破坏最严重的一次为 1982 年 6 月 4 日在波兰 Bytom 市发生的 M_L 3.77 级矿震,造成了 588 栋房屋的破坏。表 1-1 为波兰几次大矿震对地表建筑物影响的统计。

表 1-1　波兰几次大矿震对地表建筑物的影响

日期	地点	震动能量/J	震级 M_L	建筑物破坏数量/栋
1970-09-30	Bytom	8.0×10^9	4.26	427
1981-07-12	Bytom	1.0×10^9	3.80	452
1982-06-04	Bytom	9.0×10^8	3.77	588
1984-02-18	Ligota-Kochlowice	2.0×10^9	3.95	241
1992-05-05	Bojszowy	2.0×10^9	3.95	300
1994-12-09	Kochlowice	3.0×10^9	4.04	140

1.3.3　对社会的影响

矿产资源型城市是随矿山开采及与之配套的产业(机械、电气、建筑、制造等)协调发展起来的,对资源开采的依赖性大,矿震灾害在对矿井设备和人员造成危害的同时还严重制约矿区城市的经济发展。

强矿震还会对地表的建(构)筑物造成损坏,同时会给矿区居民造成较大的心理"恐慌"。近年来,矿震已经由采矿安全问题逐步演化成社会的公共安全问题。

随着自媒体的兴起,人们对信息的捕捉更加快速,对热点的捕捉更为直接,形成了互联网舆情监测系统。大型强矿震的发生会改变人们对采矿行业的认知,造成社会恐慌,越来越多的人在就业选择上会更加排斥煤炭这一行业,而且影响着资金、人才引进和信息的交流与传递,并造成恶性循环。

1.4　国内外矿震事件

世界上有记载的最大矿震是德国东部 Suna 钾碱矿区在 1975 年 6 月 23 日发生的 M_L 5.2 级矿震(蒋金泉等,2006),其次是波兰卢宾铜矿在 1977 年 3 月 24 日发生的 M_L 4.5 级矿震。

我国是一个矿震灾害比较严重的国家,早在 1947 年北京矿务局门头沟煤矿已有首次矿震记载。1974 年 10 月 25 日,北京矿务局的城子煤矿在回收煤柱时发生矿震,造成 29 人死亡。北票台吉煤矿在 1977 年 4 月 28 日发生的 M_L 4.3 级矿震,是迄今为止我国有记录的最大一次矿震,矿震烈度 7 度,造成多人死亡。

近年来,随着矿井开采面积的不断扩大,矿震型矿井的矿震频次和强度不断升高,矿震已经成为一些矿井的主要灾害,矿震不但阻碍了矿区的生产,而且威胁着矿区人员的生命和财产安全。例如,兖州矿区的鲍店、东滩和南屯煤矿以及榆林矿区、鄂尔多斯矿区、河南义马煤业集团、黑龙江龙煤集团等的多个矿井矿震频发。

早期,由于回收煤柱以及坚硬顶板破断产生的矿震灾害严重,京西、辽源、六枝、大同、北票、陶庄、涟邵、抚顺、新汶等矿区的数十个煤矿发生过矿震(马志峰,2002;方建勤等,2004;童迎世等,2003;惠乃玲等,1998)。例如,1981—1998 年间京西门头沟年均发生 M_L 1.0 级以上矿震 5 522 次,月均 460 多次,最大震级达 M_L 4.2 级,北京市部分地区均有明显震感。抚顺矿区每年发生矿震(地震台能记录到的矿震)次数达 3 000~4 500 次,最大震级为 M_L 3.3 级。新汶矿区现开采深度已超千米,矿震现象已十分突出,每年发生的矿震达 100

余次,地面震感强烈,影响范围可达 10 km 以上。

近年来,我国西部矿区高强度开采导致矿震频发。榆林市地震局数据显示,2004—2019年,榆林地区发生了 M_L 2.0 级以上矿震 76 次,其中石拉乌素煤矿发生一次 M_L 2.9 级矿震、门克庆煤矿发生一次 M_L 3.0 级矿震。2020 年 12 月 15 日,榆林榆阳的金鸡滩煤矿 104 综采工作面发生 M_L 2.6 级矿震。

目前,对于矿震的研究主要集中在三个方面:① 矿震的机理及主控因素;② 矿震的监测预警;③ 矿震的综合治理。对于巨厚坚硬顶板岩层破断失稳引发的矿震灾害机理及防治,已有许多学者进行了大量的研究。

近年来,众多学者对矿震机理进行了不断探索。例如,谷新建(2003)基于突变理论和能量守恒原理建立力学模型,提出了顶板冒落型矿震机理;宋建潮等(2007)用弹性回弹理论对断层型矿震的成因机理进行了深入分析,认为断层蠕动效应导致断层内部应力集中,最终使脆性和弹性岩体破裂、回弹、震动而形成矿震,并提出了用地面观测、声发射观测及地震网观测的方法来预测此类矿震;刘大勇等(2007)借助双岩模式对抚顺煤田成因机理进行探讨,并借鉴日本 Miike 煤矿事件,认为煤层中巷道表面高应力集中地带为矿震主发区域;张华等(2014)从矿震震源机制、矿震与构造关系、矿震与瓦斯溢出关系、矿震与开采进程关系、矿震成因机制理论与实验研究等角度对矿震成因进行阐述,利用层析成像技术详细了解矿震演化过程,深化对地壳介质在应力作用下发生破裂或位错过程的认识,进而对矿震成因进行深入研究。

矿震的监测预警主要利用微震监测系统、地震监测系统联合监测煤矿区顶板的破断及垮落过程,侧重揭示顶板破断的前兆信息。这方面的成果主要集中在利用微震监测系统和早期的矿震监测系统进行震源定位、能量计算以及频谱演变的分析,从而揭示矿震前兆效应规律。

关于矿震的综合治理,国内很多学者在局部防治技术方面进行了深入研究。例如,窦林名等(2004)提出了针对巨厚坚硬岩层与下方岩层间离层位置进行注浆的防冲措施;姜福兴(2006)对厚坚硬岩层的空间结构特征进行了研究,提出了不同形式的厚坚硬岩层破坏形态,揭示了高能量矿震事件与岩层运动间的关系;蒋金泉等(2014)基于梁的相关理论,推导了硬厚岩层的运动破断步距;杨培举等(2013)通过研究巨厚坚硬岩浆岩的变形破坏特征及对采场围岩应力分布的影响,确定其引发采场矿压事故的力学机制与显现形式,并给出了相应预防措施。关于矿震的区域性防治技术研究也取得了一些重要的成果,如合理优化开采方式和开拓布置;利用保护层开采进行矿震防治,选择无冲击倾向或弱冲击倾向的煤层作为保护层,且不得在采空区留设煤柱。近年来,充填开采控制顶板的破断和下沉用于矿震治理取得了一定的进展。以上研究理论及治理方法在工程实践中均取得了较好效果,但对于厚层坚硬顶板井下定向长钻孔分段水力压裂和地面水平井压裂等技术用于矿震治理方面鲜有研究,相关应用实践需要进一步丰富。

1.5 矿震研究的重点、难点及方向

1.5.1 研究重点

(1) 矿震和天然地震的关系

众多的矿震与天然地震的发生有着一定的关系,矿井所采用的研究方法和技术不少是借鉴天然地震学的。矿震能量的增加,反映了局部应力场的变化特征,并将导致高能量矿震的发生。这一特点似与天然地震的相同。而矿震的增加,应变能量的积累也会导致较大天然浅源地震的发生。

另外,矿震无论是成因还是波形特征都是比较复杂的。当采场上覆存在巨厚硬岩层时,工作面超前应力集中系数会增大。每个矿震事件均不同,而且未发现由几个确切可供选择的参数来定性地描述矿震行为的普遍法则。

(2)矿震灾害评估

当矿震发生时,如何准确判断其严重程度是灾害防治中非常重要的一点。矿震所处的局部应力场除有自身的内在规律外,还会受大区域应力场的作用。当区域应力场增强时,矿区所在的局部应力场因其特殊性,受双重应力场的共同作用,矿震活动急剧增强。如何准确评估区域应力场和矿震风险之间的关系是矿震研究的重点之一。

(3)矿震的综合治理技术

采动动载诱发矿震的综合防治,目前尚缺乏系统、足够行之有效的解决办法。在上覆坚硬厚岩层这一独特的地质环境下进行正常采煤活动时,随着回采范围的增大,上覆关键层、亚关键层的破断将释放大量弹性能,从而形成矿震。如何降低坚硬厚层顶板破断释放的能量是治理该类型矿震的关键。目前,尽管一些矿区实施了坚硬岩层的水力压裂或爆破预裂措施,但是效果仍不尽人意。

1.5.2 研究难点

(1)矿震的震源机制

矿震震源机制是揭示和认识矿震发生机理,进行矿震监测预报、矿震灾害防治的基础和前提,也是从事矿震研究的理论基础。根据弹性波理论,岩体的瞬间破裂会激发弹性波。这些弹性波携带破裂源的信息,依赖岩体弹性介质向四周传播。可通过建立矿山地震监测系统,利用震动传感器在远处测量这些弹性波信号,然后根据所监测的震动信号特征来确定破裂的发生时间、空间位置、尺度、强度及性质。不同的岩石破裂对应不同的震动信号特征,而煤矿冲击地压、矿震等煤岩动力现象,与岩体的微破裂有着必然联系。如何借鉴地震学的成果解释矿震的震源机制是研究的难点之一。

(2)矿震的监测预警

对矿震震源位置和发生时间的预测是研究难题,其与采矿位置不完全具有对应关系,矿震震级与井下煤岩破坏程度无对应关系。有的矿震震级很大,但井下煤岩破坏较小;有的矿震震级很小,但井下煤岩破坏比较严重。这主要是因为矿震的震中不一定就是破坏位置。比如发生在采空区的矿震,工作面或巷道煤岩的破坏可能就较小。矿震的破坏情况与震级并不呈正比关系,在地面震感明显的较大矿震并不一定造成矿井损坏,而较小矿震有时会造成较大破坏甚至造成灾害。如何根据区域应力场的分布特征、矿震时空演化规律以及采掘活动等综合因素预测强矿震的位置是难点之一,其发生时间的预测估计在相当长的一段时间是很难做到的。

1.5.3 研究方向

(1)矿震震动波传播衰减规律

岩石的体积形变产生纵波（P波），在它的传播区域里岩石发生膨胀和压缩；而岩石的切变产生横波（S波）。纵波和横波以不同的速度传播，波速与岩石的弹性系数和密度有关。纵波和横波在震源周围的整个空间传播，统称为体波。当纵波和横波未遇到界面时，可以将其看作在无限介质中传播；当纵波和横波遇到界面时，其会激发界面产生沿着界面传播的面波，在垂直界面的方向上只有振幅的变化，振幅按指数规律衰减。但是当震动波传播经过采空区、破裂煤岩体、煤岩界面时，其衰减规律将异常复杂，如何建立一个震动波的衰减模型将是未来的研究方向之一。

（2）矿震准确定位和能量计算

矿震定位结果与台网布置、台站 P 波到时读入的准确性、背景噪声的特点和仪器的采样频率、求解震源算法、速度模型和区域异常（如采空区）所导致的传播路径变化等众多因素相关。其中，速度模型和区域异常等因素可通过联合震中测定技术消除；而台站 P 波到时读入的准确性和震源到台站几何特征等随机因素则无法根本消除，只能通过优化台网布置和减少随机因素等手段减少求解震源的非线性方程组的条件数，提高台网的容差能力和求解系统的鲁棒性。

震动能量是岩体破坏的结果。在评价矿山危险和预测冲击地压危险时，震动能量是非常重要的物理参数之一，而它可以通过合适的方法来计算。但应当注意，目前所测量的震动能量与整个岩体破坏所释放的能量相比是很小的一部分，占 $0.1\% \sim 1\%$。从理论上来讲，震动的强度就是其振幅的大小。

（3）矿震的区域化和局部化综合防控方法

目前矿震的治理尚缺乏系统的、行之有效的方法。地质赋存环境对矿震的作用机制及量化分析方法、深部断续煤岩体的变形破坏规律和工程动力响应特征、采动应力分布和能量场的时空演化规律与多因素耦合致灾机理、重复采动对矿震能量的影响等都是研究中出现的亟待解决的机理性问题（姜耀东等，2014）。针对上覆坚硬厚层关键层这一独特的地质环境，随着回采范围的增加，上覆岩层破断规律与采掘活动、区域应力场等密切相关，需要从区域和局部两个角度进行综合防控。

如何依据对矿震发生机理的分析，在准确预测的基础上，通过对应力集中危险区提前实施卸压，减小矿震对设备以及人员的伤害，最终实现"有震无灾"的防控目标，成功避免动力灾害，确保矿区工作的正常进行，是矿震防治的主要方向。例如，山东兖州矿区基岩分布巨厚红层，受采掘工程影响巨厚红层运动产生矿震对地面建筑和居民生活造成了严重影响，其中东滩煤矿是受矿震灾害最严重的矿井。开展兖州矿区矿震活动规律、监测预警以及综合治理技术的研究，有效减少工作面的矿震危险，保证煤矿安全生产，可为相同地质条件下的矿震防治提供借鉴。

2 兖州矿区矿震特征

2.1 兖州矿区矿震概况

兖州矿区包括兖州煤田大部分和济宁煤田（东区）南部，现有 8 对生产矿井。近几年，随着开采深度不断加大以及开采技术条件的日趋复杂，部分矿井相继发生了冲击地压、矿震，如东滩煤矿的四采区和六采区均频繁发生过矿震，鲍店煤矿的七采区与十采区、南屯煤矿的九采区也发生过多次矿震。兖州矿区矿井开采深度、范围逐步增加，矿震显现日益严重。下面是东滩煤矿、鲍店煤矿和南屯煤矿发生的矿震情况。

东滩煤矿从 2001 年 6 月到 2007 年 3 月在不同地点发生了 5 次灾害性矿震事故。2016 年矿井六采区自工作面开始生产，$63_{上}04$ 工作面及其周围共监测到矿震事件 2 187 次，震级在 M_L 2.0 级以上的有 35 次；$63_{上}05$ 工作面回采期间共监测到矿震事件 7 857 次，震级在 M_L 2.0 级以上的事件 55 次，矿震的发生导致工作面多次停产，严重威胁安全生产。特别是 $63_{上}06$ 工作面回采以来，强矿震事件频发，给矿井安全生产造成了严重威胁。

鲍店煤矿二采区采空区于 2004 年 9 月 6 日发生矿震事故，飓风及冲击波将 2310 工作面轨道巷密闭摧毁，造成 2 人死亡、多人受伤。2004 年 11 月—2005 年 4 月，鲍店煤矿共发生 $M_L 0 \sim 3.7$ 级矿震 1 157 次，其中 $M_L 1.0 \sim 1.9$ 级矿震 219 次，$M_L 2.0 \sim 2.9$ 级矿震 28 次，$M_L 3.0 \sim 3.7$ 级矿震 6 次。根据流动台网监测结果，2005 年 5 月 21 日 10 时 08 分，矿震震级达 $M_L 3.7$ 级，为矿震监测以来最高震级记录。矿震发生时，$103_{上}04$ 工作面及其轨道巷有明显震感，整个工作面液压支架安全阀几乎全部开启，轨道巷有明显下沉现象，超前支护段普遍扬尘。此后，十采区工作面开采过程中发生了多次 $M_L 2.0$ 级以上矿震，对矿井安全生产构成了严重威胁。

南屯煤矿九采区矿震频发，通过微震监测系统监测到 $93_{上}21$ 工作面在 2020 年 12 月 13 日 16:55:54 发生能量为 2.2×10^6 J 的矿震事件，在 19:13:22 发生 1 次能量为 3.0×10^4 J 的震动，在 21:59:30 发生 1 次能量为 1.3×10^4 J 的震动，震动事件均发生在工作面超前支护范围；矿震发生之后，煤岩体积聚的能量没有完全释放，超前压力依然很大。通过钻孔应力在线监测系统监测到，$93_{上}21$ 工作面轨道巷距开切眼 424 m（面前 45 m）处，矿震前两通道压力上升；$93_{上}21$ 工作面轨道巷距开切眼 446 m（面前 67 m）处，矿震前，深孔在 15:59 压力上升，增幅 3.1 MPa。

兖州矿区东滩煤矿、鲍店煤矿以及南屯煤矿矿震频发的主要原因是煤层上覆存在一层巨厚坚硬红层。为了有效预防矿震等灾害事故的发生，兖州煤业股份有限公司在广泛调研的基础上，与多个科研单位合作开展了一系列技术研究工作，主要包括矿震台网建设、矿震震源机理研究以及坚硬顶板分段水力压裂卸压技术等，通过现场应用取得了一定的效果。

2.2 兖州矿区矿震分布

2.2.1 东滩煤矿采煤工作面 M_L 1.5 级以上矿震

东滩煤矿 2016 年 1 月至今开采工作面涉及一采区、三采区、四采区、六采区和十四采区。现分别将这五个采区 2016 年 1 月至今开采期间发生的 M_L 1.5 级以上矿震进行介绍。

（1）一采区矿震发生情况

一采区 2016 年 1 月至今仅开采 1308 和 1309 两个工作面,根据微震监测系统监测分析,工作面开采期间仅发生 1 次 M_L 1.5 级以上矿震事件,位于 1308 工作面采空区内,如图 2-1 所示。该矿震事件位于 4 个采空区见方区域,应是采空区见方导致高位岩层断裂产生的。

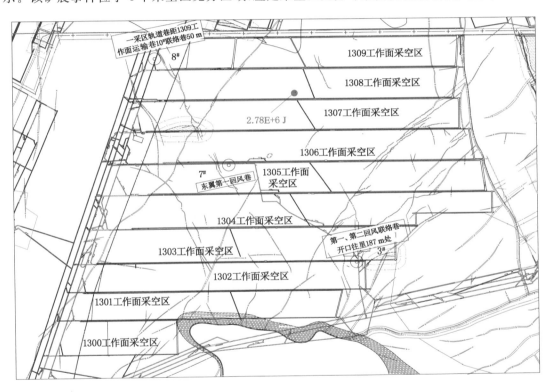

图 2-1　一采区 2016 年 1 月至今 M_L 1.5 级以上矿震平面图

（2）三采区矿震发生情况

三采区 2016 年 1 月至今仅开采 3305 和 3306 两个工作面,根据微震监测系统监测分析,工作面开采期间未监测到 M_L 1.5 级以上矿震事件,如图 2-2 所示。

（3）四采区矿震发生情况

四采区 2016 年 1 月至今已开采 4314 综放工作面、43_F04 综采工作面两个工作面,根据微震监测系统监测分析,工作面开采期间监测到 M_L 1.5 级以上矿震事件 13 次,如图 2-3 所示。图中红色圆圈代表矿震能量为 $10^6 \sim 10^7$ J,黄色圆圈代表矿震能量大于 10^7 J,矿震震源

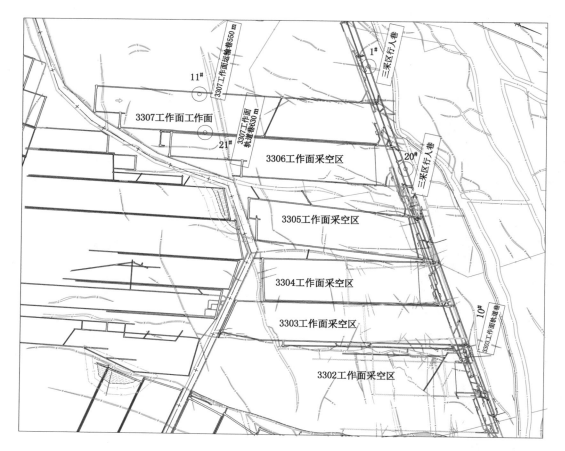

图 2-2　三采区 2016 年 1 月至今 M_L 1.5 级以上矿震平面图

定位在 4314 工作面附近。

（4）十四采区矿震发生情况

十四采区 2016 年 1 月至今已开采 14319 综放工作面、14318 综放工作面、143下02 综采工作面和 143下03 综采工作面四个工作面，根据微震监测系统监测分析，工作面开采期间监测到 1 次 M_L 1.5 级以上矿震事件，如图 2-4 所示。

（5）六采区矿震发生情况

六采区 2016 年 1 月至今已开采 6304、6305、6303 三个综采工作面，根据微震监测系统监测分析，工作面开采期间监测到 60 次 M_L 1.5 级以上矿震事件，如图 2-5 所示。目前，6306 工作面开采期间出现过多次强矿震事件。

对比一采区、三采区、四采区、六采区和十四采区 2016 年 1 月至今开采工作面微震监测结果可知，三采区未发生过 M_L 1.5 级以上大能量矿震，一采区和十四采区分别发生过 1 次，四采区发生过 13 次（主要集中在 4314 工作面开采期间），六采区开采期间各工作面矿震发生均较频繁。综上所述，东滩煤矿大能量矿震主要集中在六采区。

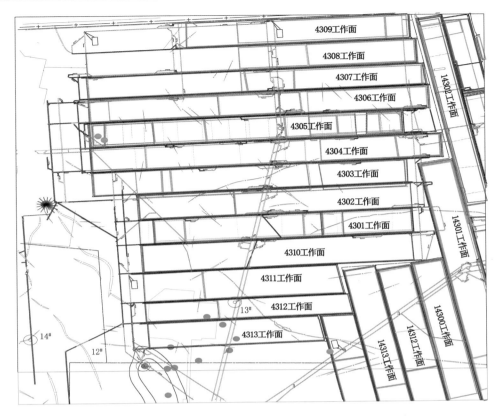

图 2-3　四采区 2016 年 1 月至今 M_L 1.5 级以上矿震平面图

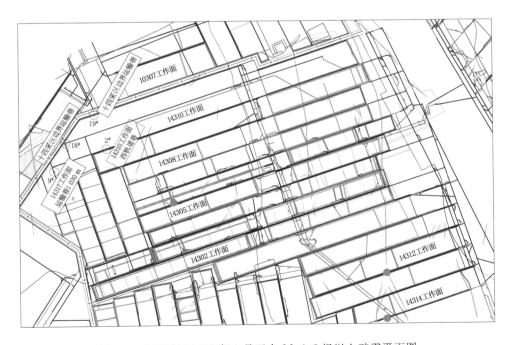

图 2-4　十四采区 2016 年 1 月至今 M_L 1.5 级以上矿震平面图

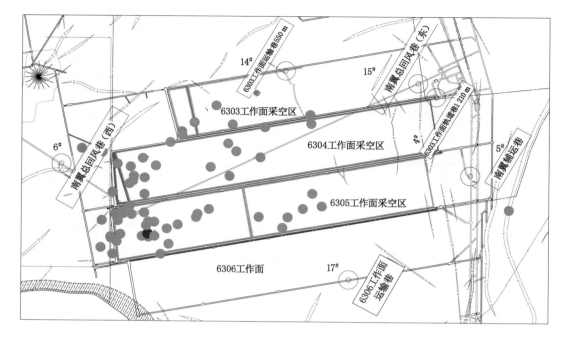

图 2-5　六采区 2016 年 1 月至今 M_L 1.5 级以上矿震平面图

2.2.2　南屯煤矿采煤工作面 M_L 1.5 级以上矿震

南屯煤矿九采区于 2003 年开始回采，矿井微震监测系统于 2011 年运行，因此 2003—2011 年期间回采的工作面无矿震数据。通过 2011 年至今回采的工作面来看，发生的矿震与工作面的回采顺序相关性不明显。详见表 2-1。

表 2-1　九采区 2011 年至今 M_L 1.5 级以上矿震次数统计

工作面编号	93上08	93下14	93下03	93下12	93下01	93下10	93下02	93下04	93下06
矿震次数/次	20	42	27	20	8	12	10	14	3

对矿震发生次数较多的 93下14 工作面统计分析如下：工作面面长 170 m，取距开切眼 20～50 m 为初次来压区域，距开切眼 120～220 m 区域为工作面见方处。根据推进度估算初次来压影响时间为 2012 年 3 月 5 日—19 日，见方影响时间为 2012 年 4 月 6 日—30 日。统计数据如表 2-2 所示。

表 2-2　93下14 工作面 M_L 1.5 级以上矿震次数统计

时　　间	矿震总次数/次	日平均次数/次
初次来压期间(3 月 5 日—19 日)	5	0.33
见方期间(4 月 6 日—30 日)	9	0.36
其他时间(3 月 20 日—4 月 5 日，5 月 1 日—8 月 30 日)	28	0.20

根据表 2-2 可知,工作面初次来压、见方期间矿震频次明显高于其他推采时段,即工作面受初次来压、见方期间顶板活动影响矿震事件有增多现象。

2.2.3 鲍店煤矿十采区矿震活动

为监测矿井范围内的矿震活动,研究分析其规律,进而为冲击地压的预测预警提供理论和数据支撑,鲍店煤矿于 2008 年 7 月建立了微震监测系统,尤其重点监测矿震事件频发的七采区、十采区。监测系统建立以来,运行情况良好,截至 2012 年在十采区共监测记录到了 30 000 多个可定位的矿震事件。

(1)103下02 工作面回采期间矿震事件分布情况

根据工作面回采进度记录,对 103下02 工作面回采期间(2010 年 2 月 7 日—6 月 30 日)微震事件日震动能量与频次、分级能量进行统计,得出微震事件日震动能量与频次、日最大能量变化图,如图 2-6 和图 2-7 所示。

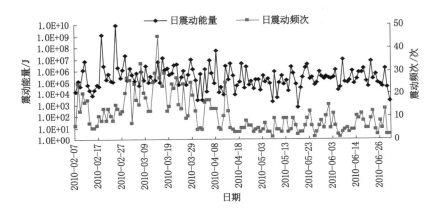

图 2-6　103下02 工作面回采期间微震事件日震动频次、能量变化图

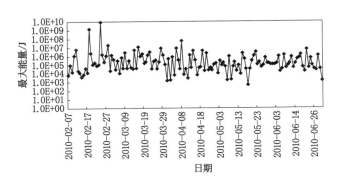

图 2-7　103下02 工作面回采期间微震事件日最大能量变化图

在 103下02 工作面回采期间,由于 3上煤层回采后亚关键层已充分运动垮落,3下煤层的开采将会导致整个上覆破坏岩层的缓慢沉降,从而导致能量级较低的微震事件活动相对 3上煤层开采期间减少。由于主关键层在开采 3上煤层时已破断,在该工作面开采期间关键层不会再次破断,只会随着工作面的回采发生周期性的回转下沉。由于主关键层厚度较大,强矿震

事件将贯穿整个工作面回采期间,且强度较高;但相对而言,强矿震事件主要发生在工作面采空区,对工作面的影响相对较小。

(2) $103_{下}02$ 工作面回采期间矿震活动空间演化规律

图 2-8 至图 2-10 为 $103_{下}02$ 工作面回采期间微震事件平面分布图,总结出矿震规律如下:

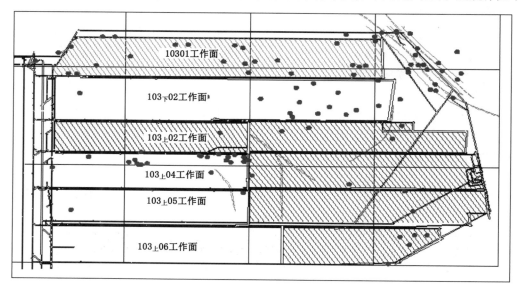

图 2-8　$103_{下}02$ 工作面回采期间微震事件平面分布图($10^3 < E < 10^4$ J)

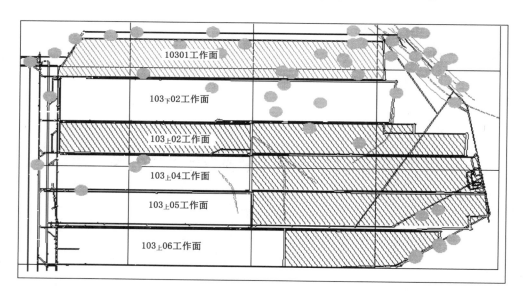

图 2-9　$103_{下}02$ 工作面回采期间微震事件平面分布图($10^4 < E < 10^5$ J)

① 回采期间微震小事件主要发生在 $103_{上}02$ 工作面轨道巷附近,尤其是在 X-F_{19} 和 X-F_{20} 断层区及与 $103_{上}04$ 工作面开切眼交界处,这主要是由于地质构造和煤体应力集中的影响。这表明 $103_{下}02$ 工作面的开采扰动在相邻工作面的轨道巷处引起了上覆岩层的轻微运动,可以根

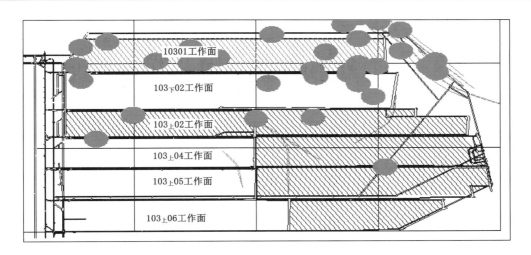

图 2-10 103下02 工作面回采期间微震事件平面分布图($E>10^5$ J)

据此预测后期 3下煤层回采对相邻工作面回采的影响。

② 强矿震事件主要集中在 10301 和 103下02 工作面交界处、工作面采空区及 X-F$_7$ 和 X-F$_8$ 断层区。这主要是由于 103下02 工作面上层煤回采后,10301 和 103下02 工作面上覆巨厚红层断裂破坏;下层煤回采后将引起两工作面上覆巨厚红层的整体下沉,产生强矿震事件,且多数发生在采空区,数量较开采上层煤时的要多,但强度及对工作面的影响程度相对减轻。在 10301 和 103下02 工作面的东翼,地质构造复杂(尤其是断层发育),工作面充分回采后引起断层滑移,从而产生强矿震事件。

(3) 103下03 工作面回采期间矿震事件分布情况

根据现场回采进度记录,对 103下03 工作面回采期间(2010 年 8 月 4 日—2012 年 3 月 30日)微震事件日震动能量与频次、分级能量进行统计,得出微震事件日震动能量与频次、日最大能量变化图,如图 2-11 和图 2-12 所示。

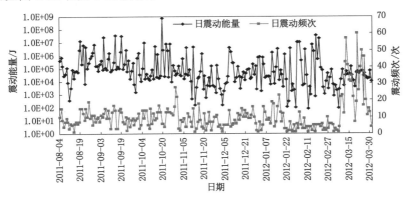

图 2-11 103下03 工作面回采期间微震事件日震动频次、能量变化图

由图 2-11 和图 2-12 可知,工作面回采期间微震和强矿震事件频发,其北部所有工作面两层煤已全部回采完毕;3上煤层剩余 103上05(2)工作面,应力集中程度高,同时 103上04 和 103上06

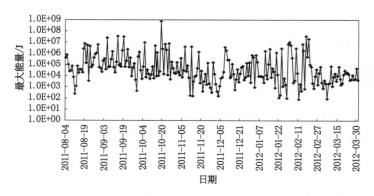

图 2-12　103下03 工作面回采期间微震事件日最大能量变化图

工作面主关键层相互铰接于 103上05 工作面。一旦 103下03 工作面回采,主关键层沉降,就会导致 103下03 和 103下04 工作面主关键层铰接减弱,从而诱发 103上05、103上06 等工作面的主关键层下沉,产生强矿震事件。

（4）103下03 工作面回采期间矿震事件空间演化规律

图 2-13 至图 2-15 为 103下03 工作面回采期间微震事件平面分布图,矿震规律总结如下:

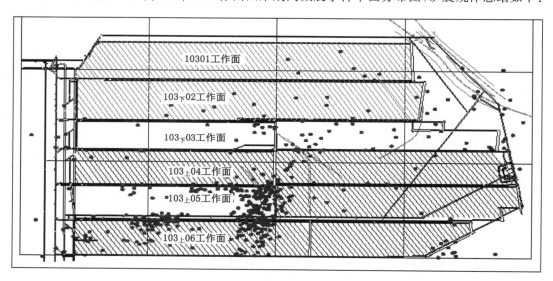

图 2-13　103下03 工作面回采期间微震事件平面分布图($10^3 < E < 10^4$ J)

① 工作面回采期间,微震小事件主要发生在 103上05(2)工作面的四周,而且频次相当高。在 103上06(2)工作面回采完毕后,形成了 103上05(2)孤岛工作面,其应力高度集中;同时由于 103下03 工作面采动影响,上覆岩层产生扰动,在相邻工作面产生动压冲击,微震事件大量发生。

② 强矿震事件主要发生在 103上05(2)工作面四周巷道和 103下03、103下04、103下05 工作面交界处。103下03 工作面回采前上层煤已基本回采完毕,工作面一旦回采将引起红层的剧烈运动,在相邻工作面(尤其是 103下04 工作面)产生动压冲击。后期 3下煤层任意工作面回采时,都会造成上覆巨厚红层的再次运动,从而在 3上煤层工作面采空区引起连锁反应,形成强矿震事

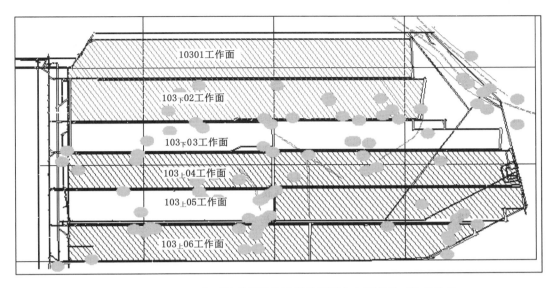

图 2-14 103下03 工作面回采期间微震事件平面分布图($10^4 < E < 10^5$ J)

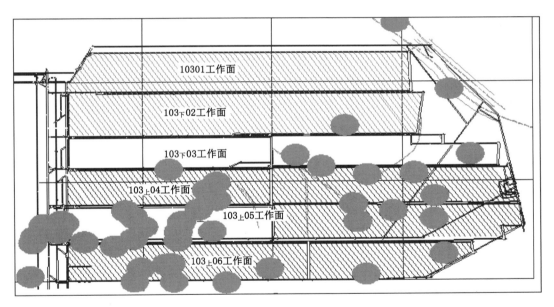

图 2-15 103下03 工作面回采期间微震事件平面分布图($E > 10^5$ J)

件。工作面回采期间强矿震分布很好地证明了这一点:强矿震事件基本发生在巨厚红层和$3_上$煤层采空区。

③ 从微震事件平面分布图上可看出,在 10301 和 103下02 工作面基本没有微震事件,尤其是没有强矿震事件,这说明 10301 和 103下02 工作面上覆岩层已充分运动,采空区被充分填实,上覆巨厚红层运动结束。这再次说明了工作面回采见方后上覆巨厚红层运动充分,运动时产生强矿震事件。

2.3 兖州矿区矿震规律

2.3.1 显现特征

谱分析已成为微震研究的一种普遍采用的方法。采用时-频分析技术分析微震信号的功率谱和幅频特性,以便根据谱特性进行矿震信号的辨识,从而为预测预报矿井冲击地压等动力灾害提供一条新的线索。

不同矿震由于诱发成因不同,煤岩破裂机制各有特点,其释放能量也各不相同,矿震所体现的频谱特征亦有所不同。从目前各矿微震监测结果来看,矿震频谱特征具有相似性,表现为远场高位破坏不明显,地面震感强烈,井下无震感,高能量矿震主频偏低,低能量矿震主频偏高。

(1)鲍店煤矿"11·29"矿震事件分析

2019年11月29日11时02分左右,邹城市管辖区域内发生强矿震,东滩、南屯、鲍店等矿井先后接收到强矿震信号,如图2-16所示。

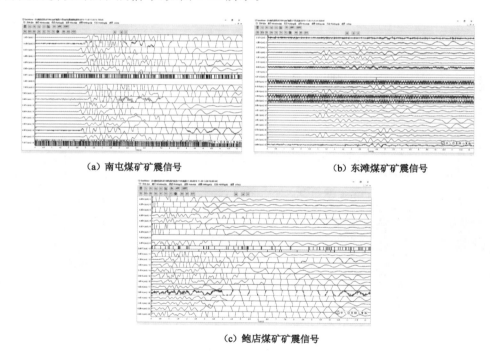

（a）南屯煤矿矿震信号　　　　　　　（b）东滩煤矿矿震信号

（c）鲍店煤矿矿震信号

图 2-16　不同矿井接收到的矿震事件微震信号

① 矿震发生矿井初步判断

统计三个矿井的矿震监测信号发现,鲍店煤矿有8个通道的信号超出监测最大量程、东滩煤矿没有通道超过监测最大量程、南屯煤矿有2个通道超出监测最大量程。因此,通过矿震信号衰减规律可以判断,该矿震发生在鲍店煤矿的可能性最大。

② 矿震参量求解

　　由三个矿井记录的矿震信号可以看出,此次矿震持续时间较长,如鲍店煤矿第22通道(22拾振器)记录的波形持续时间超出12 s(图2-17)。按目前的采样频率、采样点数设计和测站布置,当离震源较近和较远处的探头在时间尺度上距离拉开较远时,将很难完整记录此次矿震的所有信息。因此,由图2-16可以判断,仅能通过东滩和南屯煤矿记录的矿震信号进行定位和能量分析。

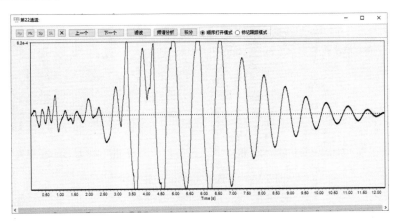

图 2-17　鲍店煤矿 22 拾震器信号

　　虽然鲍店煤矿记录的矿震信号不能用于定位,但是由记录的各通道信号幅值及到时先后可以判断,该矿震应发生在3、2、1、6、7、21、22拾震器附近(P波先到3、2、1拾震器,随后是6、7、21、22拾震器),因此该矿震可能发生在图2-18所示的阴影区域。

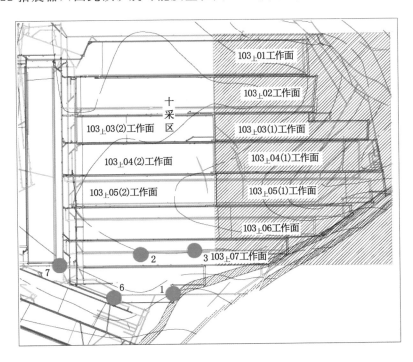

图 2-18　矿震可能发生的区域(阴影区域)

由于要采用南屯煤矿和东滩煤矿记录的信号对鲍店煤矿矿震进行定位和能量计算,要保证有解,需采用 L_1 标准型进行定位求解,如图 2-19 所示。同时根据矿震发生在台网包围以外区域的特点,应意识到其标高定位将严重失真,根据图 2-18 中阴影区域开采标高,应固定矿震发生处的标高为 −200 m 左右,为高位岩层破断产生。

(a) 东滩煤矿标记后定位结果 　　　　(b) 南屯煤矿标记后定位结果

图 2-19　不同矿井定位计算结果

通过以上定位分析可以判断,该矿震发生于鲍店煤矿,但由于矿震落在两矿井台网包围的范围以外,因此其定位结果不准确,这将导致矿震能量计算结果不可信。

为了判断矿震的产生原因,进一步分析了"11·29"矿震事件频谱分布特征。借助鲍店煤矿微震监测系统监测到的矿震事件波形,分别对 1、2、6、7、12 及 13 拾震器微震波形进行频谱分析,结果如图 2-20 所示。

根据各通道微震波形频谱分布特征,该事件波形频率普遍较低,主频均在 1 Hz 左右,推断该震动事件并非普通的岩层破断事件。一般而言,当岩层发生较大滑移及破断时,震动波形频谱表现为波形频率低、主频振幅谱高;而岩石发生微破裂时相反。此次矿震事件各拾震器接收到的波形,主频为 1~4 Hz,振幅为 0.2~0.6 V,推断十采区采空区上覆岩层发生较大的破断、滑移。

（2）东滩煤矿"9·16"矿震事件分析

2020 年 9 月 16 日 16 时 43 分 48 秒,在东滩煤矿井田范围内发生一次震动事件,经分析该震动事件发生在 $63_{上}06$ 工作面采空区,距 $63_{上}06$ 工作面煤壁约 263 m,煤层上方 105 m 位置,震动能量为 $4.5×10^5$ J,经地震台网中心确定震级为 M_L 1.6 级,平面定位结果如图 2-21 所示。

震动发生后,值班人员第一时间调度现场,井下无震感,现场安全,人员及设备均未受任何影响,地面有轻微震感,井下地面均无财产损失,矿区舆情稳定,各项情况正常。

经分析认为,矿震主要原因是:

① 采空区高位顶板断裂产生的震动事件。本次矿震事件震源位置位于 $63_{上}06$ 工作面后方,受该区域特殊地质条件影响,采空区后方高位顶板岩层滑移、断裂是产生震动的直接原因。

② 邻近工作面二次见方影响区域。本次矿震事件发生时,工作面已推采 443 m,距离二次见方影响区域约 27 m,随工作面推进逐步受到二次见方影响,产生能量事件为正常现象。

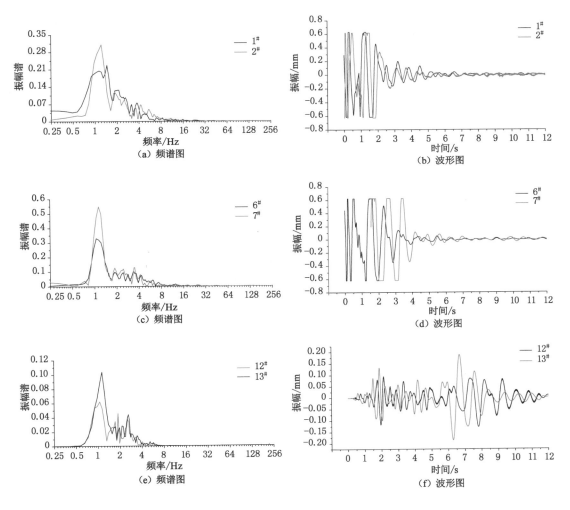

图 2-20 不同通道波形频谱分布图

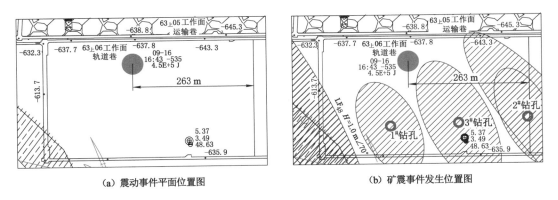

（a）震动事件平面位置图 （b）矿震事件发生位置图

图 2-21 63上06工作面采空区矿震事件定位图

③ 矿震发生在 63上06 工作面轨道巷侧压裂区域边缘。此次矿震事件发生在 63上06 工作面后方 263 m,距轨道巷约 48 m,处于 3# 钻孔压裂范围的边缘(图 2-21),该区域顶板相对其他压裂区域较为完整,分析认为顶板在达到一定面积后出现垮落,从而引起本次矿震事件。

(3)东滩煤矿"10·11"矿震事件分析

2020 年 10 月 11 日 13 时 06 分 57 秒,在东滩煤矿井田范围内发生一次震动事件。经分析,该震动事件发生在 63上05 工作面(该工作面于 2018 年 9 月回采结束)采空区,距目前正在回采的 63上06 工作面煤壁约 225 m,煤层上方 171 m 位置,震动能量为 8.67×10^5 J,经地震台网中心确定震级为 M_L 2.0 级,平面定位结果如图 2-22 所示。

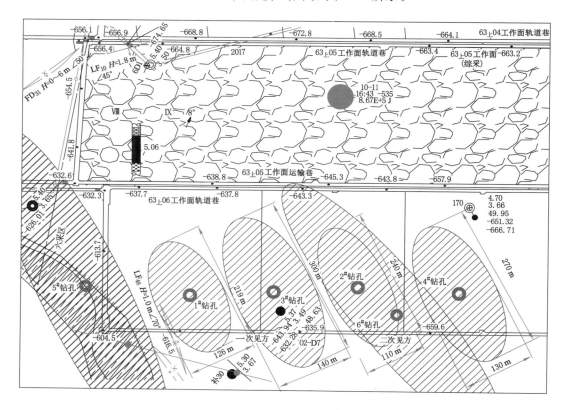

图 2-22　63上05 工作面采空区震动事件平面位置图

震动发生后,值班人员第一时间调度现场,井下无震感,现场安全,人员及设备均未受任何影响,地面有轻微震感,井下地面均无财产损失,矿区舆情稳定,各项情况正常。

经分析认为,矿震主要原因是:

① 采空区高位顶板断裂产生的震动事件。本次矿震事件震源位置位于 63上06 工作面后方,受该区域特殊地质条件影响,采空区后方高位顶板岩层滑移、断裂是产生震动的直接原因。

② 受邻近工作面采动影响。63上05 工作面已于 2018 年 9 月回采结束。本次矿震事件发生时,邻近的 63上06 工作面已推进进入两相邻工作面一次见方影响区域及工作面二次见方影响区域。受工作面见方影响,采空区周边应力集中程度高,覆岩运动剧烈。

（4）东滩煤矿"11·17"矿震事件分析

2020年11月17日14时28分41秒,在东滩煤矿井田范围内发生一次震动事件。经分析,该震动事件发生在 $63_{上}06$ 工作面（事发时工作面进尺524 m）采空区,距工作面煤壁约104 m,煤层上方158 m处,震动能量为 6.84×10^5 J,经地震台网中心确定震级为 M_L 2.1级,平面定位结果如图2-23所示。

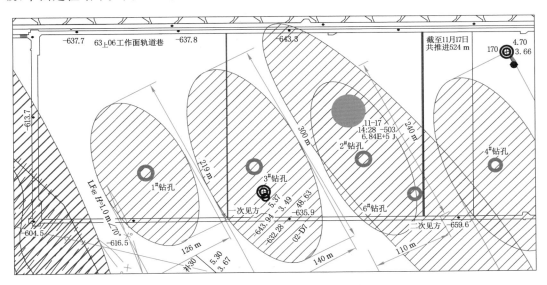

图2-23　$63_{上}06$ 工作面采空区震动事件平面位置图

震动发生后,值班人员第一时间调度现场,井下无震感,现场安全,人员及设备均未受任何影响,地面有轻微震感,井下地面均无财产损失,矿区舆情稳定,各项情况正常。

经分析认为,矿震主要原因是:

① 采空区高位顶板断裂产生的震动事件。本次矿震发生时,工作面进尺524 m,距离上一次矿震发生时工作面共推进61 m,采空区上覆坚硬岩层面积较大,高位顶板岩层滑移、断裂是产生震动的直接原因。

② 采空区二次见方。本次矿震事件发生时,$63_{上}06$ 工作面已推进进入两相邻工作面一次见方影响区域及工作面二次见方影响区域。受工作面见方影响,采空区周边应力集中程度高,覆岩运动剧烈。

③ 地面高压水力压裂钻孔压裂。由图2-23可见,此次大能量事件位于 $2^{\#}$ 钻孔及 $6^{\#}$ 钻孔压裂影响叠加区,区域内顶板高位岩层经过两次压裂而较为破碎。

2.3.2　区块化特征

鲍店煤矿位于兖州煤田的中部,鲍店煤矿、兴隆庄煤矿、东滩煤矿及南屯煤矿边界相邻。其中,鲍店煤矿七采区北部与兴隆庄煤矿四采区相接,十采区南部与南屯煤矿七采区相邻,七采区、十采区东部分别与东滩煤矿十四采区、四采区相邻。现场监测发现,在相邻煤矿边界矿震事件频发,震源分布显示出一定的区块化特征。

由图2-24可知,矿震在相邻煤矿间分布密集,这表明不同煤矿间采掘活动相互影响。

同时,这些煤矿具有相似的岩层结构,高能量事件主要受上方巨厚红层控制,因而不同煤矿之间的矿震活动表现出一定的相似性。

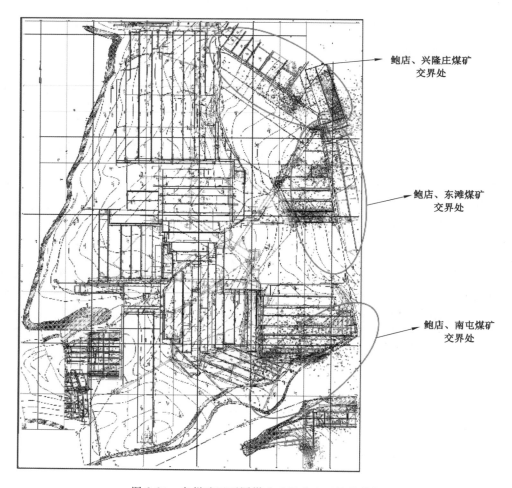

鲍店、兴隆庄煤矿交界处

鲍店、东滩煤矿交界处

鲍店、南屯煤矿交界处

图 2-24　兖州矿区不同煤矿矿震分布区块化特征

2.3.3　与工作面布置及推进方向的关系

鲍店煤矿十采区 $103_{下}07$ 工作面位于矿井东南部,地面标高为 $+41.37\sim+44.36$ m,工作面标高为 $-370\sim-430$ m,埋深约为 $411\sim474$ m,平均埋深为 442.5 m,工作面开采范围及巷道布置如图 2-25 所示。工作面长度为 $125\sim238$ m,开采初期沿轨道巷扩面,且为"刀把"状,走向推进长度为 1 005 m。工作面上方为已经开采完毕的 $103_{上}07$、$103_{上}08$ 工作面采空区,开切眼内错 $103_{上}07$ 工作面开切眼边界煤壁 5 m。

在 $103_{上}07$、$103_{上}08$ 工作面上方采空区形成后,上方垮落岩层的重力作用在 $103_{上}07$、$103_{上}08$ 工作面开切眼、停采线位置形成支承压力而导致局部应力集中,这些区域的应力又向下传递至 $103_{下}07$ 工作面而导致其应力升高,同时随着工作面推进至该区域支承压力与传递的附加压力叠加会导致应力升高,从而进一步增加了冲击危险性。

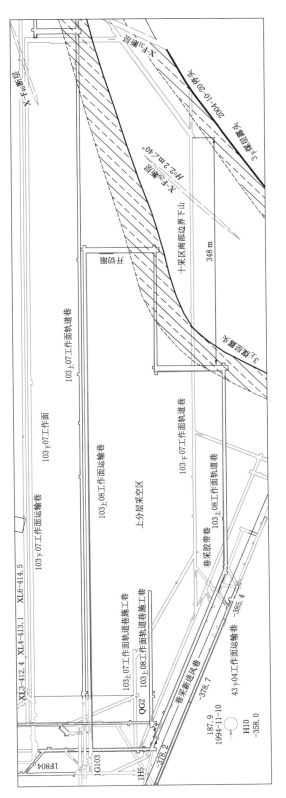

图2-25 工作面平面布置图

由图 2-26、图 2-27 所示现场微震监测数据及工作面推进位置可知,当下方工作面推进至距上方开切眼 20 m 时,微震累计能量、频次明显升高,同时有高能量事件(黄色标记)出现在开切眼附近,这表明在开切眼下方的区域有明显的应力集中现象,而力源主要为上方垮落岩层的重力,因此可以采取如断顶爆破等措施减小岩层悬顶长度及范围。

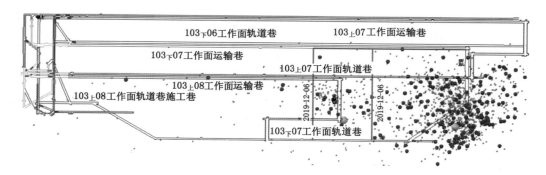

图 2-26 $103_{下}07$ 工作面微震定位平面图

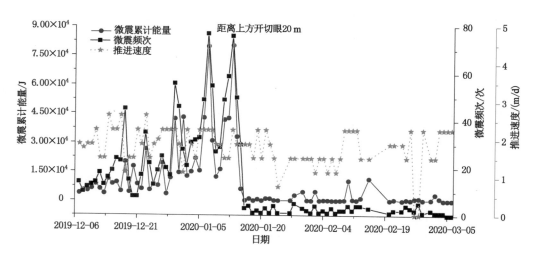

图 2-27 $103_{下}07$ 工作面微震参量变化情况

2.3.4 与工作面推进速度的关系

控制工作面推进速度是冲击地压防治的一项重要措施,较大的推进速度会减小采掘空间覆岩运动范围,使得覆岩运动剧烈程度增加,造成围岩应力快速调整,容易导致冲击地压危险的增强,尤其对于严重冲击地压矿井,回采速度增大可能直接诱发冲击地压。

当工作面保持较低速度、匀速推进时,上覆岩层运动情况如图 2-28(a)所示,采场上方岩层发生逐层断裂回转,工作面超前支承压力如图 2-28(c)所示。其中,x 为工作面推进距离;σ 为工作面超前支承压力,随着推进距离增加而不断增大;n_1,n_2,n_3,n_4 为采场上部不同关键层极限垮落距离,随着工作面不断推进,工作面超前支承压力将呈阶梯状小幅度上升。

当工作面回采保持在快速或变速时,采场上方岩层运动无法随工作面向前推进发生即

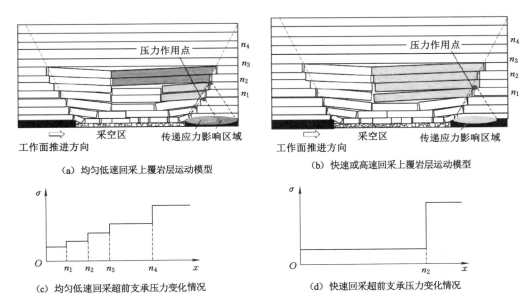

图 2-28　不同推进速度岩层运动模型及超前支承压力变化情况

时弯曲下沉[图 2-28(b)]，运动状态呈现滞后性，此时采场上方岩层破裂高度将随着工作面不断推进逐渐向上部发展，下部悬露岩层承受载荷不断增大，当悬露跨度超过其垮落极限时，采场上覆岩层将发生大厚度整体性回转下沉，从而导致工作面超前支承压力在较短时间内大幅度升高[图 2-28(d)]，诱发冲击地压事故。图 2-29、图 2-30 所示为鲍店煤矿七采区 $73_{\text{上}}01$、$73_{\text{上}}03$ 工作面微震累计能量与频次随推进速度的变化情况。由图 2-29 和图 2-30 可知，回采前期虽然推进速度较快，但推进距离较小，悬顶距离较小，上方岩层垮落高度较低，因而各微震参量变化并不明显；而当工作面推进一定距离时，岩层垮落高度逐渐向上发展，应力集中程度逐渐增加，因而推进速度变化对微震参量影响明显。

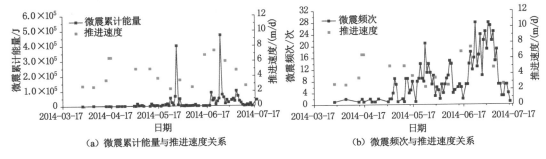

图 2-29　$73_{\text{上}}01$ 工作面推进速度与微震参量的关系

图 2-31 所示为东滩煤矿六采区 1.0×10^5 J 以上矿震平面投影图。东滩煤矿 6304、6305 和 6303 工作面回采期间分别发生 1.0×10^5 J 以上矿震 35 次、55 次和 19 次。6303 工作面大能量矿震频次明显降低，其主要原因是工作面回采期间限速推采，但仍不能杜绝大能量矿震事件。

图 2-32 所示为 6303 工作面回采以来工作面推进速度与大能量（M_{L} 1.0 级以上）微震事件关系曲线。由图 2-32 可知，当工作面推进速度小于 2.0 m/d 时，大能量微震事件数量

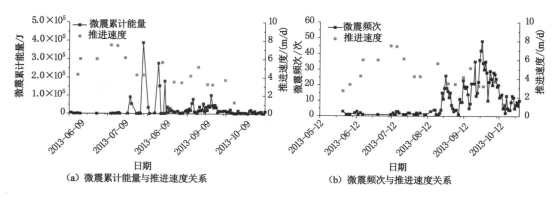

（a）微震累计能量与推进速度关系 （b）微震频次与推进速度关系

图 2-30 $73_{上}03$ 工作面推进速度与微震参量的关系

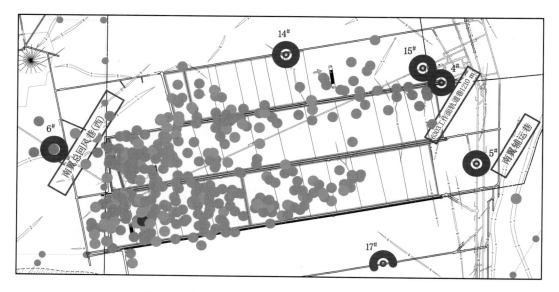

图 2-31 东滩煤矿六采区 1.0×10^5 J 以上矿震平面图

占比仅为 7%；当工作面推进速度在 2.0～3.0 m/d 时，大能量微震事件数量占比为 22%；当工作面推进速度超过 3.0 m/d 时，大能量微震事件数量占比为 71%。

6303 工作面自 2019 年 4 月 13 日严格将推进速度控制在 2.3 m/d 以来，累计发生微震事件 233 次，仅发生 1 次 M_L 1.0 级以上矿震事件，震级为 M_L 1.49 级。因此，工作面推进速度对大能量矿震事件发生的频次和能量影响较大。

2.3.5 沿工作面走向分布特征

随着工作面推进，从岩层上讲，与基本顶经历初次来压→周期来压规律相似，高位岩梁在某一时刻也将出现规律性断裂，"S"覆岩空间结构不断向前发展，且随着上覆岩层的垮落逐渐向上发展；从时空上讲，上覆岩层从下到上逐次垮落，高位岩梁将依次断裂，依次形成不同的高位"S"覆岩空间结构。高位岩层的断裂突变产生的动压，是诱发冲击地压的关键因素，特别是在"S"覆岩空间应力峰值位置。

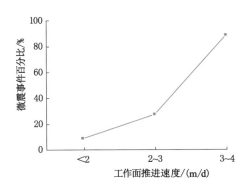

图 2-32　6303 工作面推进速度与大能量微震事件关系曲线

现场实测表明,每当推进一个工作面面长距离时,工作面都将产生一次大的来压。当工作面沿走向推进至来压、见方位置时均会有强烈的动压现象。例如,营盘壕煤矿 2202 工作面回风巷离 2201 工作面胶带运输巷 5 m,离 2202 工作面胶带运输巷 300 m,开切眼与 2201 工作面采空区开切眼对齐。离 2201 工作面胶带运输巷 80 m 布置一条 2202 工作面辅助运输巷,并通过 2#、3#、4# 联络巷连通,东与靖 24-38 采气井保护煤柱线平行,北邻 2203 工作面、2204 工作面,南邻 2201 工作面采空区,如图 2-33 所示。2202 工作面煤层底板标高为 +516～+521.3 m,平均为 +518.7 m,地面标高为 +1 249.8～+1 250.4 m,平均为 +1 250.1 m,工作面平均埋深为 731.4 m。开切眼位置岩层综合柱状如图 2-34 所示。统计工作面回采期间推进位置及微震参量变化曲线如图 2-35 所示。

由图 2-35 可知,在工作面推进至初次来压与双面见方(与 2201 工作面)位置时,2202 工作面微震累计能量与频次明显达到了一个峰值。由综合柱状图可知,2202 工作面上方存在 300 m 厚的砂岩组,强度高,刚度大,不易垮落,因此在工作面达到极限跨距时会发生大规模的破断,产生强烈的动压现象。

2.3.6　沿工作面倾向分布特征

微震沿工作面倾向分布特征主要与采空区面积有关。当一个工作面回采完毕后,其上方岩层短时间内无法垮落充分,载荷在侧向上作用于相邻的工作面。当相邻工作面回采完毕后,本工作面失去侧向的支撑作用导致岩层的进一步垮落。同时,采空区面积在侧向成倍增加又会导致上方岩层垮落高度向上逐渐发展,进一步引发高能量矿震事件。

鲍店煤矿七采区多个工作面相邻开采时,其倾向微震分布特征如图 2-36 所示。首采工作面回采时,整体采空区面积较小,微震事件频次及能量较小,裂隙发育层位较低,红层未出现明显破断,微震事件明显集中在断层构造附近。

采空区面积达两个工作面范围,工作面单面见方后及断层构造区域大能量微震事件明显集中,裂隙发育层位上升至红层区域,如图 2-37 所示。

采空区面积达四个工作面范围时,红层破断程度进一步增加,高能级矿震数量增加,出现了最高能级矿震,如图 2-38 所示。

根据七采区各工作面开采过程中大能量微震事件分布特征,首采工作面回采过程中,由于整体采空区面积较小,微震事件较少,且最大能量未达 10^6 J,裂隙发育层位较低,上覆红

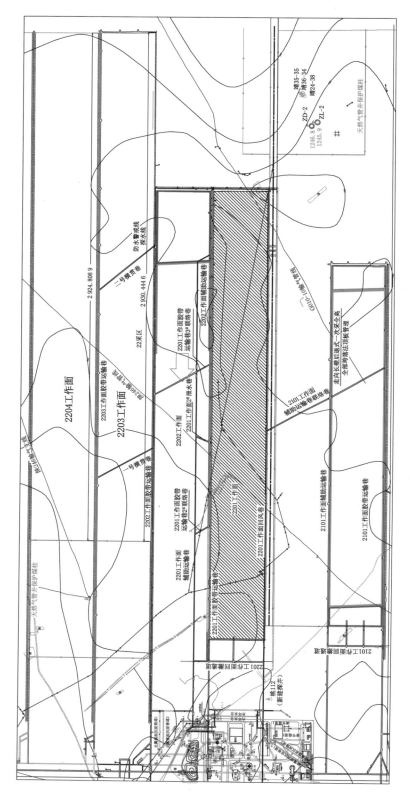

图2-33 2202工作面平面布置图

岩性描述	煤岩心采取率/%	煤岩心长度/m	煤岩层厚度/m	累计深度/m	岩性名称	岩心柱状	深度/m
灰绿色, 砂泥质结构, 块状构造, 平坦状断口, 泥质胶结, 胶结程度中等	80	4.75	5.92	641.95	砂质泥岩		640
灰绿色, 粉砂状结构, 块状构造, 见云母碎片, 泥质胶结, 胶结程度中等	80	2.00	2.50	644.45	粉砂岩		650
灰色, 粗粒砂状结构, 块状构造, 成分以石英、长石为主, 岩屑颗粒呈次圆状, 分选性差, 钙泥质胶结, 胶结程度中等	77	21.10	27.42	671.87	粗粒砂岩		660 670
灰绿色, 砂泥质结构, 块状构造, 平坦状断口, 泥质胶结, 胶结程度中等	78	2.50	3.22	675.09	砂质泥岩		680
浅灰绿色, 中粒砂状结构, 块状构造, 成分以石英、长石为主, 见云母碎片, 泥质胶结, 胶结程度中等, 为含水层	80	7.70	9.63	684.72	中粒砂岩		690
灰绿色, 砂泥质结构, 块状构造, 平坦状断口, 泥质胶结, 胶结程度中等	80	3.00	3.74	688.46	砂质泥岩		
灰色, 中粒砂状结构, 块状构造, 成分以石英、长石为主, 见云母碎片, 泥质胶结, 胶结程度中等	79	4.46	5.64	694.10	中粒砂岩		700
灰色, 砂泥质结构, 块状构造, 平坦状断口, 泥质胶结, 胶结程度中等	81	3.30	4.06	698.16	砂质泥岩		
灰色, 细粒砂状结构, 块状构造, 成分以石英、长石为主, 见云母碎片, 泥质胶结, 胶结程度中等	83	4.34	5.26	703.42	细粒砂岩		710
灰色, 中粒砂状结构, 块状构造, 成分以石英、长石为主, 见云母碎片, 泥质胶结, 胶结程度中等	87	14.29	16.42	719.84	中粒砂岩		720
灰色, 粉砂状结构, 块状构造, 见云母碎片, 泥质胶结, 胶结程度好	93	1.51	1.62	721.46	粉砂岩		
灰色, 砂泥质结构, 块状构造, 平坦状断口, 泥质胶结, 夹植物化石碎片	96	3.40	3.54	725.00	砂质泥岩		730
黑色, 沥青光泽, 褐黑色条痕, 层状结构, 以暗煤为主, 见少量丝炭, 内生裂隙发育, 充填方解石条带, 宏观煤岩类型为半暗型	97	6.25	6.45	731.45	2-2煤		
灰色, 砂质泥岩结构, 块状构造, 平坦状断口, 泥质胶结, 半坚硬	93	6.15	6.60	738.05	砂质泥岩		

图 2-34　2202 工作面开切眼附近 K7-6 钻孔柱状

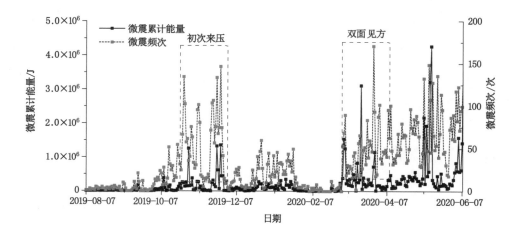

图 2-35　2202 工作面微震参量变化曲线

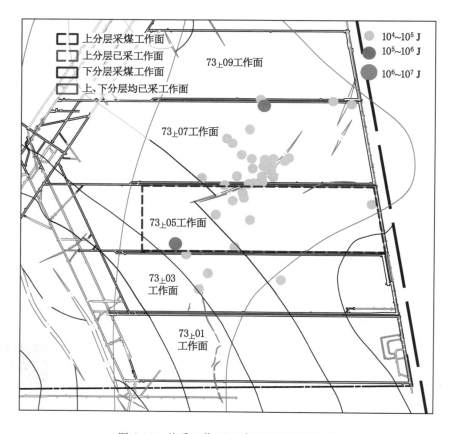

图 2-36　首采工作面回采过程中微震分布

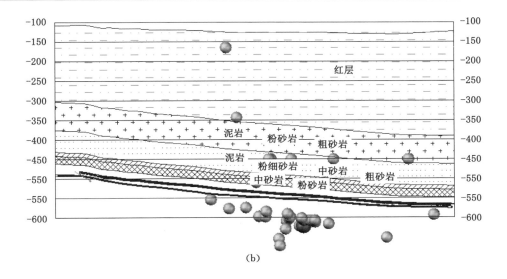

(b)

图 2-36（续）

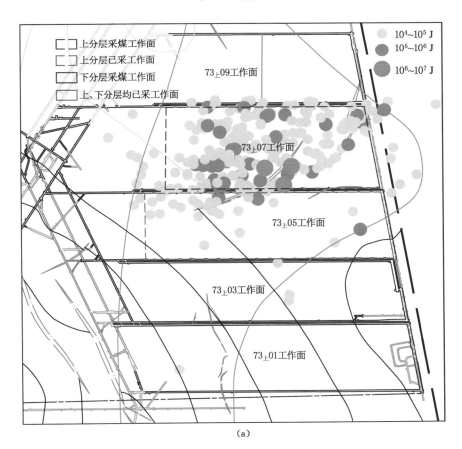

(a)

图 2-37 采空区面积达两个工作面范围后微震分布

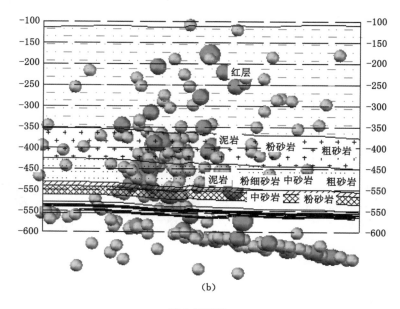

图 2-37(续)

层未出现明显破断,微震事件明显集中在断层构造附近。第二个工作面回采过程中,随着采空区面积的增加,工作面单面见方后及断层构造区域大能量微震事件明显集中,裂隙发育层位上升至红层区域。后续 3上煤层工作面大能量微震事件有所减少,但红层区域微震最大能量有所增加,这说明随着采空区面积增加,红层破断尺度也逐渐增加。3下煤层工作面回采过程中整体大能量微震事件数明显减少,但裂隙发育高度仍然可达上覆红层区域,且微震能量较大,这说明 3下煤层开采时,受上煤层开采扰动作用,上覆低位顶板岩层垮落较充分,但上覆红层并未完全垮落,3下煤层开采造成了红层的进一步破断。另外,工作面回采主要影响相邻两工作面上覆顶板的破断。

综上,当采空区面积达两个工作面范围(宽度为 460 m)时,大能量微震频次明显增加,且集中在见方区域;当采空区面积大于两个工作面范围后,大能量微震频次有所减小,但红层破断尺度进一步增加;当采空区面积达到四个工作面范围时,红层破断产生的能量达最大;3下煤层开采后,低位顶板岩层可充分破断垮落,但红层破断不充分,在 3下煤层开采扰动作用下,上覆红层会进一步破断产生大能量矿震。

2.3.7 沿高度分布特征

兖州煤田主要岩层结构特征是,煤层上方存在的巨厚红层为关键层。地表沉降、岩层活动、高能量矿震事件的产生均受强度高、厚度大的红层结构影响。而由于矿震能量由近至远逐渐衰减的特征,矿震事件到工作面及红层的距离显得尤为重要。以下为兖州煤田矿震密集区与红层厚度及巨厚红层和煤层间距关系特征。

(1) 东滩煤矿矿震与巨厚红层厚度关系分析

根据东滩煤矿侏罗系等厚线(图 2-39)可知,矿井自西向东,侏罗系红层厚度由 200~250 m 逐渐增加至 500~600 m,矿震频发区域侏罗系红层厚度在 480~520 m,红层厚度增

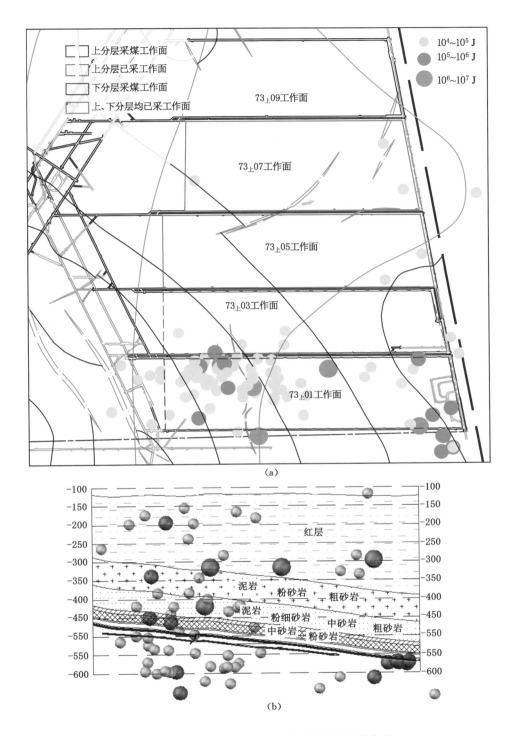

图 2-38　采空区面积达四个工作面范围后微震分布

加也会导致其断裂时释放的能量增加。

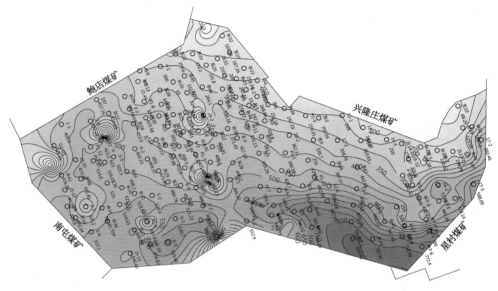

图 2-39　东滩煤矿侏罗系等厚线图(单位:m)

（2）东滩煤矿矿震与巨厚红层和煤层间距关系分析

图 2-40 所示为东滩煤矿侏罗系红层与煤层间距等值线图,矿井自西向东,侏罗系红层与煤层间距由 150～200 m 逐渐降低至 50～100 m。综合对比微震定位结果,矿震频发区域红层与煤层间距均较小,一般不超过 100 m。

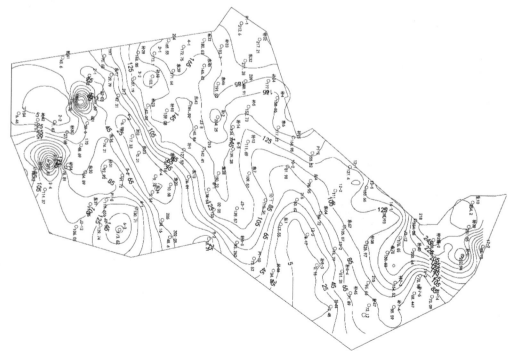

图 2-40　东滩煤矿侏罗系红层与煤层间距等值线图(单位:m)

（3）鲍店煤矿矿震与巨厚红层厚度关系分析

为了分析工作面回采过程中的大能量矿震事件，仅统计分析了能量大于 10^4 J 的微震事件。结合七采区东翼上覆红层厚度分布特征，七采区已采工作面上覆红层厚度均大于 250 m，其中，在上覆红层厚度为 250～300 m 范围内的微震事件相对集中，这说明工作面回采对厚度 300 m 以下的红层扰动作用较大，红层破断产生的大能量事件较多；当红层厚度超过 300 m 后，工作面回采扰动不易造成红层的破断。另外，根据七采区工作面回采过程中微震定位剖面图，煤层至上覆红层均有大能量矿震事件分布，这说明工作面回采造成的顶板岩层破断已发展至上覆红层，回采扰动造成了红层破断。

2.3.8　与应力场分布的关系

根据东滩煤矿工作面开采期间的微震监测结果可知，从 2016 年至今，东滩煤矿矿震频发的区域仅在六采区和四采区东南区域。根据东滩煤矿地质构造图可知，东滩煤矿六采区和四采区东南区域断层、褶曲构造明显较中部区域的一、三、十四采区复杂，且两个矿震频发区正好位于煤层冲刷带之间，这导致该区域煤岩体应力集中程度较高，高水平构造应力会大幅增加巨厚硬岩断裂时释放的能量。

根据东滩煤矿地应力测试结果，东滩煤矿六采区进行了两次地应力测试，编号分别为 DTMK-3 和 DTMK-4（更靠近冲刷带）测点的最大水平应力分别为 24.96 MPa 和 27.12 MPa；三采区编号分别为 DTMK-1 和 DTMK-2 测点的最大水平应力分别为 22.97 MPa 和 22.84 MPa；四采区扩大区轨道巷、东翼大巷和三采区轨道巷、一采区回风上山（北）等测点的最大水平应力分别为 20.05 MPa、23.46 MPa、16.3 MPa 和 18.85 MPa。由东滩煤矿地应力测试结果可知，矿震频发区的水平应力远大于其他区域，因此东滩煤矿构造形成的水平应力集中是导致大能量矿震频发的因素之一。

2.4　本章小结

（1）兖州矿区的鲍店煤矿七采区与十采区、南屯煤矿九采区、东滩煤矿四采区及六采区均频繁发生矿震，其中高能量 M_L 1.5 级以上的矿震事件导致地表出现明显的晃动，影响范围较大。

（2）大的矿震事件发生前往往无明显的前兆，但相应的波形具有主频低、振幅高的特点。另外，高能量的矿震事件往往发生在采空区、单/双面见方、煤柱边缘等特殊区域，表现为高位红层的剧烈运动。

（3）兖州矿区矿震事件具有区块化特征，不同矿区交界处采掘活动相互影响，矿震事件集中；与工作面推进/布置方向、工作面推进速度、巨厚红层厚度、构造应力场等密切相关，其在工作面走向、倾向、高度方向均有不同的分布特征。

（4）兖州矿区矿震产生的主要诱因是煤层上覆存在一层巨厚红层，开采扰动时，红层出现破断滑移就会诱发高能量矿震，属于高位覆岩型矿震。

3　覆岩型矿震机理

3.1　上覆岩层结构破断理论分析

兖州矿区上覆岩层组成较为复杂,由多层岩性相差较大的岩层组成,上覆地层中存在多层厚且坚硬的岩层,最上层为巨厚红色粉砂岩,俗称"红层"。由于上覆各岩层差异性较大,随工作面的回采,岩层的运动必定出现相互之间的不协调,岩层之间将产生离层组合,岩层将呈现一定范围内的分组运动状态。

3.1.1　板理论结构失稳模型

3.1.1.1　关键层空间破断结构

根据关键层理论,关键层的断裂将导致全部或相当部分的上覆岩层产生整体运动,关键层一旦运动将导致部分岩层的整体破断运动,对工作面产生较大的冲击。鲍店煤矿十采区各关键层的运动都将对工作面产生冲击,但相对而言亚关键层破断步距较小,随着工作面的推进,将逐步垮落,对工作面的冲击影响程度较小;而主关键层(红层)在单个工作面回采期间可能不会破断运动,在工作面见方及多个工作面回采后,一旦达到其破断步距将产生剧烈的动压冲击,严重危害安全生产,因此有必要对关键层的破断结构及冲击程度进行分析研究。

根据矿山压力的相关理论,工作面回采后,基本顶将以"O-X"形式破断,各关键层初次断裂也呈"O-X"形式;由于各关键层的极限垮落步距不同,形成的"O-X"形破断的范围由下向上逐渐增大,主关键层将形成巨型的"O-X"形破断结构。把各亚关键层和主关键层的初次断裂结构分别称为亚"O-X"形破断结构和主"O-X"形破断结构。其中,亚"O-X"形破断结构与亚关键层对应,不止一个;而主"O-X"形破断结构与主关键层对应,只有一个。亚"O-X"形破断结构由单工作面的亚关键层初次断裂形成,更大的亚"O-X"形破断结构及主"O-X"形破断结构不止由一个工作面形成,存在巨厚坚硬顶板的矿井,一般由两个、三个或多个工作面形成,如图 3-1 所示。

亚"O-X"形和主"O-X"形破断结构的形成对工作面顶板来压和两侧巷道的稳定性起主导作用,有些情况下,大的"O-X"形破断释放大量能量,可能引起强矿震和冲击地压事故。随着工作面的回采,关键层的逐次周期断裂,也会带来大的影响。

对于兖州矿区而言,亚关键层Ⅰ、Ⅱ将在工作面回采期间依次破断运动,破断运动产生的冲击能量将会以微震大事件和部分强矿震事件表现出来;红层将会在回采多个工作面后破断产生大型的"O-X"形破断结构,瞬间释放大量能量,对工作面产生剧烈的冲击。

3.1.1.2　关键层破断运动规律

(1) 亚关键层运动规律

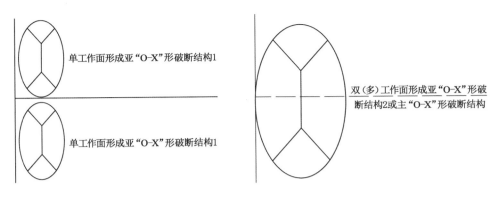

图 3-1　关键层破断结构

在单工作面回采过程中，随着工作面推进，直接顶将垮落，垮落块度相对较大，亚关键层基本顶悬跨度逐渐增加，一旦达到垮落步距，基本顶将垮落；同时，上覆一定范围的岩层将破断运动，在此期间，微震小事件和由基本顶破断运动引起的微震大事件频发。随工作面的继续推进，上覆岩层依次弯曲产生裂隙，进而断裂；当达到亚关键层 Ⅱ 的破断步距时，其断裂释放的能量将对采掘空间产生冲击，引发微震大事件及部分强矿震事件，如图 3-2 所示。

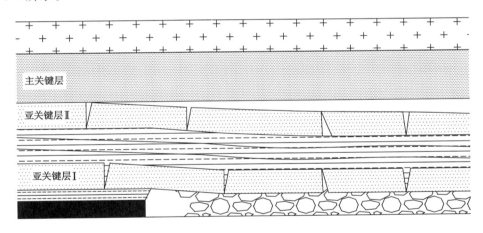

图 3-2　亚关键层破断规律

在单工作面回采期间，两层关键层将逐步破断运动进而垮落，但相对而言其厚度较小，来压步距较小，这两层关键层的断裂虽然会对工作面产生一定的影响和动压冲击，但一般不会诱发冲击地压和高能量的强矿震事件。

从煤层的开采强度来讲，在回采 $3_上$ 煤层时，两层亚关键层已经破断运动垮落，即在回采 $3_下$ 煤层时，主关键层之下的岩层已呈现缓慢下沉的特征，不会再发生突发性的破断运动。

（2）主关键层运动规律

兖州矿区上覆主关键层为巨厚红层，而且其层位高、厚度强度大，不易断裂。允许其运动的空间范围需要依据下部采空区的充填程度确定。

主关键层下部运动空间需要根据开采煤层的厚度和采空区矸石的破碎程度确定，以鲍店煤矿十采区为例,其下部岩层的总厚度为 127.6 m,3$_上$、3$_下$煤层的开采总厚度为 10 m,由于上覆岩层的岩性较好,垮落块度较大,采空区充填效果较好,取碎胀系数 K 为 1.1。则充填高度:

$$H = h_1 + h_2 + h_3 + \cdots = 127.6 \text{ m} \times 1.1 = 140.36 \text{ m} > 137.6 \text{ m}$$

由此可见,采空区的充填效果较好,采空区矸石与主关键层接触紧密。在单工作面回采期间,不会造成主关键层的断裂。当回采相邻工作面时,一旦达到主关键层的破断步距,主关键层突然断裂,对工作面造成巨大的动压冲击,同时引起大量的矿震活动和地表的剧烈移动,如图 3-3 所示。此时主关键层沿倾向断裂呈现特定的规律,断裂线分别在两侧实体煤及两工作面之间巷道的上方,随着工作面的继续推进,关键层逐渐下沉稳定,在此期间也会产生大量的矿震活动。

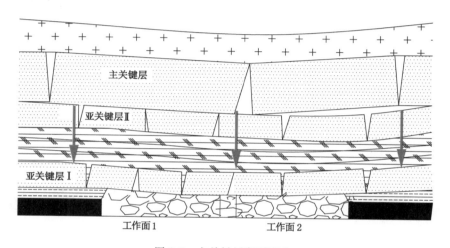

图 3-3　主关键层断裂形态

3.1.1.3　关键层破断运动步距

(1)亚关键层破断步距理论计算

根据亚关键层的具体力学参数分析,虽然其力学强度较高,但其厚度相对较小,其破断步距可根据梁的相关理论计算。

亚关键层 I 破断垮落时所受的极限载荷为上部一起运动岩层的重力,则载荷为:

$$q_1 = \gamma h_1 + \gamma h_2 + \cdots + \gamma h_{11} + \gamma h_{12} = 1\,815.03(\text{kN})$$

亚关键层 II 所受载荷为:

$$q_2 = \gamma h_{13} + \gamma h_{14} + \gamma h_{15} + \gamma h_{16} = 1\,377.1(\text{kN})$$

根据初次破断时亚关键层的两端支承状态:两端嵌固梁,采用初次破断步距计算公式[式(3-1)]可求得亚关键层 I、II 的初次破断步距分别为 60 m、74 m。

$$L = h\sqrt{\frac{2\sigma_t}{q}} \tag{3-1}$$

式中　σ_t——亚关键层抗拉强度,MPa;

　　　h——亚关键层厚度,m;

　　　q——上覆岩层重力,kN。

（2）主关键层破断步距理论计算

以鲍店煤矿十采区为例，主关键层所受载荷为 7 360 kN，根据梁的相关断裂步距计算：

$$L_{\mathrm{m}} = h\sqrt{\frac{2\sigma_{\mathrm{t}}}{q}} = 313(\mathrm{m})$$

假设工作面设计长度为 200 m，则单工作面不能达到主关键层的破断步距。同时，兖州矿区红层的厚度较厚（大部分区域红层厚度超 200 m），已不能单纯用梁的理论来研究其规律，应利用板的相关理论来研究确定其破断步距 L_{m}。

在单工作面回采过程中，工作面的推进度虽大于板的极限跨距，但工作面长度不能达到板的破断步距，主关键层将不会断裂，如图 3-4 所示。主关键层破断运动的必要条件为工作面的长度和推进距离必须都大于梁的极限悬顶距 313 m。由此可知，主关键层的最小极限破断面积 S 约为 98 000 m^2。

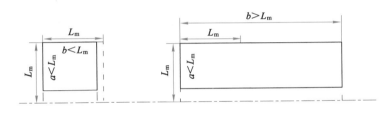

图 3-4　单工作面回采时主关键层状态

根据兖州矿区实际情况，单工作面不可能满足以上条件，必须多个工作面回采时（工作面见方即可），才能实现关键层的破断运动，如图 3-5 所示。

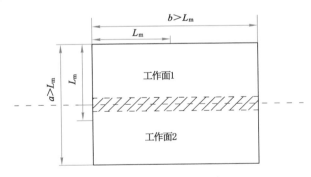

图 3-5　工作面见方时主关键层状态

针对兖州矿区红层，可采用板理论计算其运动破断步距。

① 四边固支状态破断步距

当工作面四周为实体煤时，在工作面回采初期，即主关键层属四边固支板，其运动破断步距可根据四边固支板理论采用纳维叶解法求解。根据现场实际情况，将红层简化为四边固支板，如图 3-6 所示，其厚度为 180～220 m，抗拉强度为 7～9 MPa，b 为工作面见方时的宽度（380～410 m）。

其边界条件为：

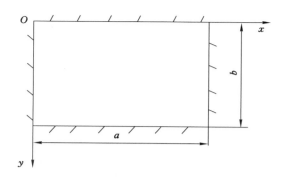

图 3-6　四边固支板

$$\begin{cases} \text{当 } x = 0 \text{ 或 } a \text{ 时}, \omega = 0, \dfrac{\partial \omega}{\partial x} = 0 \\[3mm] \text{当 } y = 0 \text{ 或 } b \text{ 时}, \omega = 0, \dfrac{\partial \omega}{\partial y} = 0 \end{cases} \tag{3-2}$$

取挠度 ω 的表达式：

$$\omega = \sum_{m=1}^{\infty} \sum_{n=1}^{\infty} \omega_{mn} \sin^2 \frac{m\pi x}{a} \sin^2 \frac{n\pi y}{b} (m, n = 1, 3, 5, \cdots) \tag{3-3}$$

可满足四边固支板的边界条件。

等厚板的弹性挠曲面微分方程为：

$$\frac{\partial^4 \omega}{\partial x^4} + 2 \frac{\partial^4 \omega}{\partial x^2 \partial y^2} + \frac{\partial^4 \omega}{\partial y^4} = \frac{q}{D} \tag{3-4}$$

式中　q——分布载荷，MPa；

　　　　D——弯曲刚度，MPa。

将式（3-3）中 ω 的各阶偏导数代入式（3-4），并将各导数表达式中的 $\cos \dfrac{2m\pi x}{a}$，$\cos \dfrac{2n\pi x}{b}$ 展开为对应的 $\sin^2 \dfrac{m\pi x}{a}$，$\sin^2 \dfrac{n\pi y}{b}$，得到：

$$\frac{\partial^4 \omega}{\partial x^4} + 2 \frac{\partial^4 \omega}{\partial x^2 \partial y^2} + \frac{\partial^4 \omega}{\partial y^4} = \sum_{m=1}^{\infty} \sum_{n=1}^{\infty} 8\pi^4 \left(\frac{2m^4}{3a^4} + \frac{4m^2 n^2}{9a^2 b^2} + \frac{2n^4}{3b^4} \right) \cdot \omega_{mn} \sin^2 \frac{m\pi x}{a} \sin^2 \frac{n\pi y}{b}$$
$$(m, n = 1, 3, 5, \cdots) \tag{3-5}$$

将式（3-4）右边的 $\dfrac{q}{D}$ 也展开为式（3-3）的形式，即

$$\frac{q}{D} = \frac{64}{9ab} \sum_{m=1}^{\infty} \sum_{n=1}^{\infty} \left(\int_0^a \int_0^b \frac{q}{D} \sin^2 \frac{m\pi x}{a} \sin^2 \frac{n\pi y}{b} \mathrm{d}x \mathrm{d}y \right) \cdot \sin^2 \frac{m\pi x}{a} \sin^2 \frac{n\pi y}{b} \mathrm{d}x \mathrm{d}y (m, n = 1, 3, 5, \cdots) \tag{3-6}$$

仿照纳维叶解法步骤比较式（3-4）等号两边的系数，即可得到待定系数 ω_{mn} 的表达式：

$$\omega_{mn} = \frac{4 \displaystyle\int_0^a \int_0^b \frac{q}{D} \sin^2 \frac{m\pi x}{a} \sin^2 \frac{n\pi y}{b} \mathrm{d}x \mathrm{d}y}{\pi^4 abD \left(\dfrac{3m^4}{a^4} + \dfrac{2m^2 n^2}{a^2 b^2} + \dfrac{3n^4}{b^4} \right)} \tag{3-7}$$

当薄板受均布载荷时，式（3-7）可简化为：

$$w_{mn} = \frac{q}{\pi^4 D \left(\dfrac{3m^4}{a^4} + \dfrac{2m^2 n^2}{a^2 b^2} + \dfrac{3n^4}{b^4} \right)} \tag{3-8}$$

将式(3-8)代入式(3-3),即可得到四边固支矩形薄板受均布载荷的挠度解析式:

$$w = \frac{q}{\pi^4 D} \sum_{m=1}^{\infty} \sum_{n=1}^{\infty} \frac{\sin^2 \dfrac{m\pi x}{a} \sin^2 \dfrac{n\pi y}{b}}{\dfrac{3m^4}{a^4} + \dfrac{2m^2 n^2}{a^2 b^2} + \dfrac{3n^4}{b^4}} \quad (m,n=1,3,5,\cdots) \tag{3-9}$$

取级数第一项($m,n=1$),并分别对 x,y 求 2 阶偏导数,得:

$$\begin{cases} \dfrac{\partial^2 w}{\partial x^2} = \dfrac{2q}{a^2 \pi^2 D} \cdot \dfrac{\sin^2 \dfrac{\pi y}{b} \cos \dfrac{2\pi x}{a}}{\dfrac{3}{a^4} + \dfrac{2}{a^2 b^2} + \dfrac{3}{b^4}} \\[4ex] \dfrac{\partial^2 w}{\partial y^2} = \dfrac{2q}{a^2 \pi^2 D} \cdot \dfrac{\sin^2 \dfrac{\pi y}{a} \cos \dfrac{2\pi x}{b}}{\dfrac{3}{a^4} + \dfrac{2}{a^2 b^2} + \dfrac{3}{b^4}} \end{cases} \tag{3-10}$$

由弹性挠曲面微分方程的推导公式:

$$\sigma_x = -\frac{Ez}{1-\mu^2} \left(\frac{\partial^2 w}{\partial x^2} + \mu \frac{\partial^2 w}{\partial y^2} \right) \tag{3-11}$$

将式(3-10)代入式(3-11),并取中心点处 $\left(x=\dfrac{a}{2}, y=\dfrac{b}{2}, z=\dfrac{h}{2} \right)$ 应力,即得到 x 方向最大正应力:

$$\sigma_{x\max} = \frac{13Eqh}{10\pi^2 D(1-\mu^2) \left(\dfrac{3}{a^2} + \dfrac{2}{b^2} + \dfrac{3a^2}{b^4} \right)} \tag{3-12}$$

式中　μ——泊松比;

$\quad\quad E$——弹性模量,MPa;

$\quad\quad q$——分布载荷,Pa;

$\quad\quad h$——硬岩厚度,m;

$\quad\quad D$——弯曲刚度,MPa,$D=\dfrac{Eh^3}{12(1-\mu^2)}$。

代入红层的相关数据,计算可得其破断步距为 350~400 m。

② 三边固支一边简支状态破断步距

当两侧为实体煤的工作面主关键层初次破断运动结束时,主关键层将周期性地破断运动,此时依据相关理论把主关键层简化为三边固支一边简支板,如图 3-7 所示;另外,对于一侧采空的工作面,可将工作面上覆红层的初次破断运动看作此种类型板的破断运动。

三边固支一边简支顶板力学模型的边界条件为:

$$\begin{cases} w_{x=0} = 0, \dfrac{\partial w}{\partial x} \mid_{x=0} = 0 \\[2ex] w_{y=0} = 0, \dfrac{\partial w}{\partial y} \mid_{y=0} = 0 \\[2ex] w_{y=a} = 0, \dfrac{\partial w}{\partial y} \mid_{y=a} = 0 \end{cases} \tag{3-13}$$

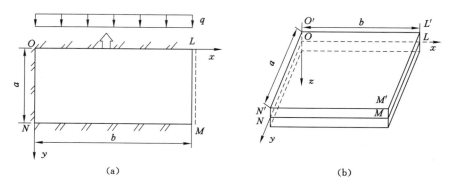

图 3-7　三边固支、一边简支顶板力学模型

选择挠曲面方程:

$$w = A \left(\frac{x}{b} \right)^2 \left(1 - \cos \frac{2\pi y}{a} \right) \tag{3-14}$$

根据最小势能原理得:

$$A = \frac{qb^4}{6D \left[3 + \frac{4}{5} \left(\frac{\pi b}{a} \right)^4 + \left(\frac{8}{3} - 4a \right) \left(\frac{\pi b}{a} \right)^2 \right]} \tag{3-15}$$

再由薄板理论得坚硬顶板应力分布计算式:

$$\begin{cases} \sigma_x = -\dfrac{2EAz}{b^2(1-\mu^2)} \left[1 + \left(\dfrac{2\pi^2 \mu x^2}{a^2} - 1 \right) \cos \dfrac{2\pi y}{a} \right] \\[3mm] \sigma_y = -\dfrac{2EAz}{b^2(1-\mu^2)} \left[\left(\dfrac{2\pi^2 x^2}{a^2} - \mu \right) \cos \dfrac{2\pi y}{a} + \mu \right] \\[3mm] \tau_{xy} = -\dfrac{4EAz\pi x}{(1+\mu)ab^2} \sin \dfrac{2\pi y}{a} \end{cases} \tag{3-16}$$

式中　σ_x——作用在垂直于 x 轴平面上的正应力,拉为正,MPa;

　　　σ_y——作用在垂直于 y 轴平面上的正应力,拉为正,MPa;

　　　τ_{xy}——作用在 xOy 平面上的剪应力,其指向与 y 轴负向一致为正,MPa;

　　　E——顶板岩石的弹性模量,MPa;

　　　μ——顶板岩石的泊松比;

　　　A——挠曲面系数;

　　　a——采场顶板跨度,m;

　　　b——工作面长度,m。

$O'N'$ 边中点的应力为:

$$\begin{cases} \sigma_x = \dfrac{2EAh}{b^2(1-\mu^2)} \\[3mm] \sigma_y = \dfrac{2EAh\mu}{b^2(1-\mu^2)} \\[3mm] \tau_{xy} = 0 \end{cases} \tag{3-17}$$

$O'L'$、$N'M'$ 边中点的应力显然大于 $O'N'$ 边中点的应力。随着工作面的推进,当悬露顶板达到其极限跨距时,首先在 OL 和 NM 边中点附近发生断裂;随后当 ON 边顶板达到极限

强度时,在 ON 边中点附近出现断裂。

用最大拉应力强度理论作为采场顶板断裂判据,即

$$\sigma_1 = \sigma_b \tag{3-18}$$

式中　　σ_1——顶板中的最大拉应力,MPa;

　　　　σ_b——顶板岩层的抗拉强度,MPa。

顶板中的最大拉应力 σ_1 由式(3-19)计算:

$$\sigma_1 = \frac{M_{\max} y_{\max}}{I} \tag{3-19}$$

对于三边固支一边简支的顶板,其最大弯矩发生在工作面煤壁中点附近。由板理论分析得其最大弯矩:

$$M_{\max} = \frac{qb^3\left(\dfrac{b^2}{4} - a^2\right)}{a^3\left[13.7\left(\dfrac{b}{a}\right)^3 + 12.8\left(\dfrac{b}{a}\right)^3 + 28.8\left(\dfrac{b}{a}\right)^3 - 19.2\left(\dfrac{b}{a}\right)^3 \mu\right]} \tag{3-20}$$

令 $c = \left(\dfrac{a}{b}\right)^2$,则主关键层破断步距为:

$$L = h\left[\frac{\sigma_b(13.7 + 12.8c + 28.8c^2 - 19.2\mu c)}{6q\left[\dfrac{1}{4} - c^2\right]}\right]^{\frac{1}{2}} \tag{3-21}$$

代入红层的相关数据,计算可得到其破断步距为 250~300 m。

③ 两边固支两边简支状态破断步距

a. 邻边固支邻边简支

对于三边固支一边简支的工作面,主关键层初次破断运动结束后,其支承状态转化为两邻边固支两邻边简支。三边固支一边简支的顶板,经过初次来压后就转化为两边固支两边简支板。通过板理论分析,最大弯矩亦发生在工作面煤壁中点附近,其值为:

$$M_{\max} = \frac{2\pi^2 qb^2 \mu}{3a^2\left[3 + \dfrac{4}{5}\left(\dfrac{\pi b}{a}\right)^2 + \left(\dfrac{8}{3} - 4\mu\right)\left(\dfrac{\pi b}{a}\right)^2\right]} \tag{3-22}$$

令 $c = \left(\dfrac{a}{b}\right)^2$,则关键层破断步距为:

$$L = h\left[\frac{\sigma_b\left[3 + \dfrac{4\pi^2}{5}c^2 + \left[\dfrac{8}{3} - 4\mu\right]\pi^2 c\right]}{4\pi^2 q\mu}\right]^{\frac{1}{2}} \tag{3-23}$$

代入红层的相关数据,可得到其破断步距为 100~150 m。

b. 对边固支对边简支

对于四边采空的孤岛工作面,其主关键层初次运动时相当于对边固支对边简支的支承板。应用纳维叶解法求解,平衡微分方程为:

$$\nabla^2 \nabla^2 w = \frac{q}{D} \tag{3-24}$$

边界条件为:

在 $x=0$ 或 $x=a$ 处:　　　　　　$w=0, \dfrac{\partial^2 w}{\partial x^2}=0$

在 $y = \pm \dfrac{b}{2}$ 处：
$$w = 0, \frac{\partial w}{\partial y} = 0$$

微分方程的解为：
$$w = w_1 + w_2 = \frac{qa^4}{D} \sum_{m=1,3,5,\cdots}^{\infty} \left[\frac{4}{\pi^5 m^5} + B_m \operatorname{ch} \frac{m\pi y}{a} + C_m \frac{m\pi y}{a} \operatorname{sh} \frac{m\pi y}{a} \right] \sin \frac{m\pi x}{a} \quad (3\text{-}25)$$

式中：
$$B_m = -\frac{4}{\pi^5 m^5} \cdot \frac{\alpha_m \operatorname{ch} \alpha_m + \operatorname{sh} \alpha_m}{\operatorname{ch} \alpha_m (\alpha_m \operatorname{ch} \alpha_m + \operatorname{sh} \alpha_m) - \alpha_m \operatorname{sh}^2 \alpha_m}$$
$$C_m = \frac{4}{\pi^5 m^5} \cdot \frac{\operatorname{sh} \alpha_m}{\operatorname{ch} \alpha_m (\alpha_m \operatorname{ch} \alpha_m + \operatorname{sh} \alpha_m) - \alpha_m \operatorname{sh}^2 \alpha_m}$$

此级数收敛极快，取 $m=1$ 即可满足近似解。
$$w_{\max} = \frac{4qa^4}{\pi^5 D} \left[1 - \frac{\alpha_1 \operatorname{ch} \alpha_1 + \operatorname{sh} \alpha_1}{\operatorname{ch} \alpha_1 (\alpha_1 \operatorname{ch} \alpha_1 + \operatorname{sh} \alpha_1) - \alpha_1 \operatorname{sh}^2 \alpha_1} \right] \quad (3\text{-}26)$$

通过弯矩与挠度的相互关系求解并代入具体数值求得对边固支对边简支工作面主关键层的破断步距为 120～160 m。

④ 一边固支三边简支状态破断步距

对于两侧采空的孤岛工作面，在工作面顶板的周期运动阶段，主关键层为三边简支一边固支的支承板。为了便于计算，将其简化为四边简支板，应用纳维叶解法，并代入红层的具体参数，计算得到其破断步距为 80～120 m。

3.1.1.4　覆岩破断运动演化过程

以鲍店煤矿十采区 $103_{\pm}02$ 工作面为例，通过分析 $103_{\pm}02$ 工作面回采时本工作面及相邻工作面的覆岩破断演化过程，尤其是红层的见方破断规律，验证主关键层的理论破断步距。

（1）已回采工作面倾向覆岩结构

$103_{\pm}02$ 工作面回采前 10301 工作面上下两层煤已全部回采完毕、$103_{\pm}03(1)$ 工作面回采 87 m，$103_{\pm}04(1)$ 工作面回采 955 m，$103_{\pm}05(1)$ 工作面回采 957 m，已回采工作面上覆岩层呈现不同程度的破坏，如图 3-8 所示。

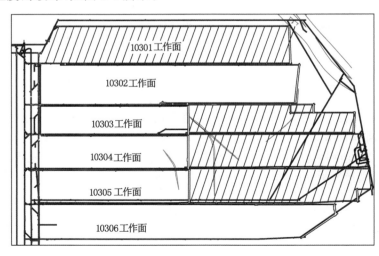

图 3-8　10302 工作面邻近工作面回采情况

10301 工作面上下两层煤已全部回采完毕,上覆亚关键层已垮落,并逐渐稳定;由于是单工作面采空区,主关键层未破断,主关键层受采动影响产生部分微裂纹。$103_上04(1)$、$103_上05(1)$工作面覆岩运动已趋于稳定,巨厚红层已破断。$103_上03(1)$工作面回采时处于单侧采空状态,覆岩中的亚关键层已破断运动趋于稳定,主关键层在 10302 工作面煤体上方破断,呈现半"O-X"形破断。由于主关键层下部垮落岩层较好地充填采空区,红层的运动空间较小,主关键层破断后其下沉量较小;且红层砂岩厚度、强度较大,10303 工作面的主关键层将和 10304、10305 工作面的主关键层相互铰接,处于平衡状态,如不继续受采动等外界因素的影响,这种平衡状态将是红层的最终稳定状态。

(2) 已回采工作面走向覆岩结构

回采 10305 工作面时,单工作面主关键层不会破断;回采 10304 工作面时,当工作面推进约 350～400 m 时,两工作面的上覆主关键层整体呈现"O-X"形破断;随着工作面的继续推进,两工作面的主关键层将以半"O-X"形破断运动,直至 10304 工作面回采结束。

在回采 10303 工作面时,由于 10305、10304 工作面已回采,主关键层处于两边固支两边简支的状态,破断步距相对减小;在工作面回采时,主关键层将以半"O-X"形破断运动,但由于与10304 工作面破断关键层之间存在相互咬合铰接作用,主关键层未全部破断,而是在 10302 工作面煤体上部呈现上部拉裂、下部压塑状态,此时的主关键层处于相对稳定状态,如图 3-9 所示。

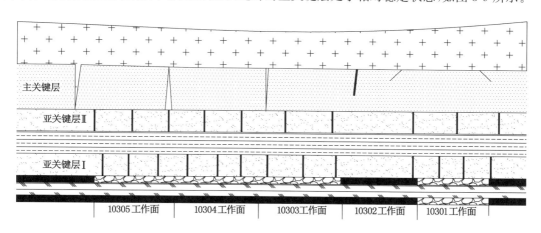

图 3-9 覆岩结构破坏形态

(3) 10302 工作面回采期间上覆岩层破断运动演化过程

根据相邻工作面的开采情况,可将 $103_上02$ 工作面的上覆岩层运动(尤其是关键层的运动)分为两个阶段。

第一阶段为从开切眼开始至 $103_上03(1)$ 工作面停采线,此时工作面为孤岛工作面;第二阶段为从 $103_上03(1)$ 工作面停采线至工作面回采完毕,此时工作面为一侧是采空区的半孤岛工作面。

① 孤岛回采阶段

此阶段两侧工作面已成为采空区。北翼 $103_上01$ 工作面上覆岩层(尤其是红层)尚未完全垮落,回采时将会导致红层的破断,造成工作面顶板的急剧下沉,冲击危险性较强;同时10303 工作面红层将完全破断下沉。10304、10305 工作面基本顶及上覆主关键层充分破断运动,如图 3-10 所示。

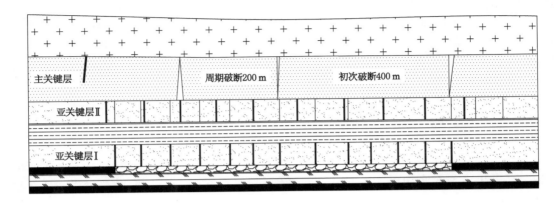

图 3-10   10304 工作面推进方向覆岩运动演化形态

② 半孤岛回采阶段

北翼只有一个工作面(10301 工作面)采空区,上覆岩层未充分垮落,尤其是上覆巨厚红层基本上没有运动,但存在微破裂;一旦开采达到两工作面的主关键层破断步距,将会产生强矿震事件和巨大的动压冲击。

$103_{上}02$ 工作面回采期间上覆坚硬红层和两侧采空区上方未充分垮落岩层易形成整体共同运动的“板”结构,使回采期间矿压显现更加复杂和剧烈,上覆岩层整体运动时对工作面造成巨大的动压冲击,强矿震事件频繁发生。

③ 关键层运动规律

亚关键层 I(即工作面基本顶)在工作面回采期间的运动过程为,从开切眼开始,随着工作面的推进,达到基本顶的初次破断步距时,基本顶将破断垮落形成岩梁,此后在工作面推进过程中基本顶周期性破断。由于基本顶的破断步距相对较小,一起运动的上覆岩层相对较少,基本顶破断时,将在工作面引起微震小事件,如图 3-11 所示。

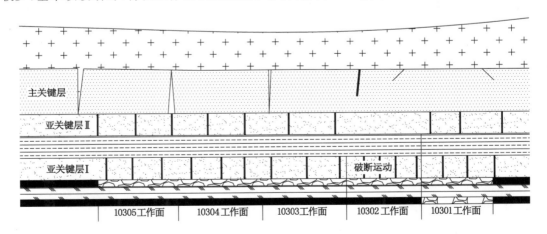

图 3-11 $103_{上}02$ 工作面亚关键层 I 初次破断垮落后上覆岩层结构

亚关键层Ⅱ在工作面回采期间的运动过程为,基本顶初次来压垮落之后,将在上覆岩层中引起裂隙和离层,随着回采面积的增大,亚关键层Ⅱ将初次断裂,此后随工作面的推进,呈现周期性破断运动。由于亚关键层Ⅱ断裂时,下部和上部相当部分的岩层将一起运动,在断裂部位将引发微震大事件,如图 3-12 所示。

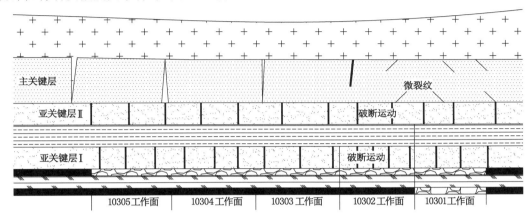

图 3-12　103上02 工作面亚关键层Ⅱ初次破断垮落后上覆岩层结构

主关键层在工作面回采期间的运动发展过程为,随工作面的继续推进,在未达到红层的初次破断步距之前,由于基本顶和亚关键层Ⅱ的运动,红层下部岩层已断裂破坏下沉,红层此时处于悬空状态,但在其下部已产生许多裂隙。

当达到红层的初次破断步距时,红层突然断裂急剧下沉,引起强矿震事件。断裂线基本上位于两工作面的三条巷道附近,在此处将有可能诱发冲击地压事故。此后随工作面的推进,红层也呈现周期性的断裂特征,工作面顶板的最终形态如图 3-13 所示。

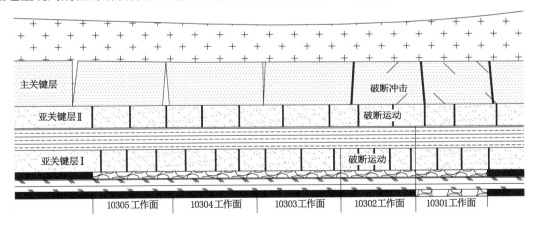

图 3-13　103上02 工作面上覆岩层结构最终形态

3.1.2　能量计算

顶板岩层结构,特别是煤层上方坚硬厚层顶板是影响矿震发生的主要因素之一,其主要原因是坚硬厚层顶板容易聚积大量的弹性能。在坚硬厚层顶板破断或滑移过程中,大量的弹性能突然释放,形成强烈震动。

顶板的弯曲弹性能 U_w 可参见图 3-14 进行计算,其公式为:

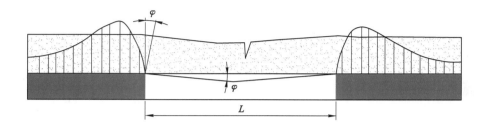

图 3-14　顶板弯曲弹性能的计算图

$$U_w = \frac{1}{2}M\varphi \tag{3-27}$$

式中　M——煤壁上方顶板岩层的弯矩;

　　　φ——顶板岩层弯曲下沉的转角。

根据图 3-14,M 及 φ 为:

$$M = \frac{1}{12}qL^2 \tag{3-28}$$

$$\varphi = \frac{qL^3}{24EJ} \tag{3-29}$$

式中　q——顶板重力与上覆岩层附加载荷的单位长度折算载荷;

　　　J——顶板的断面转动惯量;

　　　L——顶板的悬伸长度。

由此可得:

$$U_w = \frac{q^2L^5}{576EJ} \tag{3-30}$$

可以看出,U_w 与顶板悬伸长度的五次方成正比,即 L 越大,积聚的能量越多。以鲍店煤矿为例,工作面上覆巨厚红层的破断跨距平均可达 $200\sim300$ m,考虑分层破断,红层厚度按 120 m 计算,弹性模量为 $7\times10^4\sim7\times10^5$ MPa,则计算出的震动能量为 $1\times10^8\sim8\times10^9$ J。根据 $\lg E=1.8+1.9M_L$ 的关系可知,鲍店煤矿红层破断后,引发的矿震震级预计可达 $M_L 3.2\sim4.2$ 级。

3.1.3　震动波传播衰减规律

3.1.3.1　震动波衰减特征场地实验

震动波能量随传播距离增大呈乘幂关系 $E=E_0 e^{-\eta}$ 衰减,初始衰减很快,到一定距离后衰减幅值减小。

能量衰减指数随介质的完整性、硬度、孔隙率等性能指标的变化而不同。这些指标越趋向良性,能量衰减指数越小;反之,能量衰减指数越大。

根据高明仕(2006)开展的实验研究结论,震动波的能量衰减指数为 $1.150\ 9\sim2.130\ 9$。

由上述推算,120 m 厚的红层破断后,释放的能量大约为 $5.6×10^8 \sim 5.6×10^{10}$ J。

3.1.3.2 震动波衰减特征实验室尺度实验

（1）测试系统

该实验在加拿大多伦多大学完成,测试系统主要包括三轴加载单元和数据采集模块[见图 3-15(a)],能够主动激发产生 P-S1-S2 波形,脉冲范围为 $100 \sim 1\,000$ ns,震源的振幅和频率分别为 100 V 和 $5.0×10^7$ Hz。在实验过程中,轴向应力和围压始终保持相等。

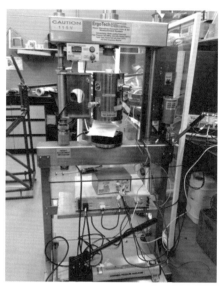

（a）三轴声发射P-S1-S2系统

（b）1#试样

（c）2#试样

（d）3#试样

图 3-15　测试系统和试样照片

（注:1# 试样完整完好,2# 试样有 2 个水平的接触面,3# 试样的中间岩块有两个层理）

（2）试样

从岩块中取心,然后切割成圆柱体试样。试样的直径和高度分别为 35 mm 和 78 mm,用于实验研究接触面和节理对震动波传播衰减的影响规律。两种砂岩试样的单轴抗压强度分别为 52.63 MPa 和 57.32 MPa,弹性模量分别为 17.86 GPa 和 21.35 GPa。表 3-1 所示为
3 个试样的物理力学参数。

表 3-1 试样的物理力学参数

试样编号	高度/mm	直径/mm	最大轴向应力/MPa
1#	78.1	35.85	30
2#	78.07(26.49∶25.46∶26.12)	35.93	50
3#	77.42(25.49∶26.72∶25.21)	35.90	60

(3) 实验结果与分析

① 波速的变化规律

图 3-16 所示为实测的 3 个试样的 P 波和 S 波的速度随轴向应力加载的变化曲线。

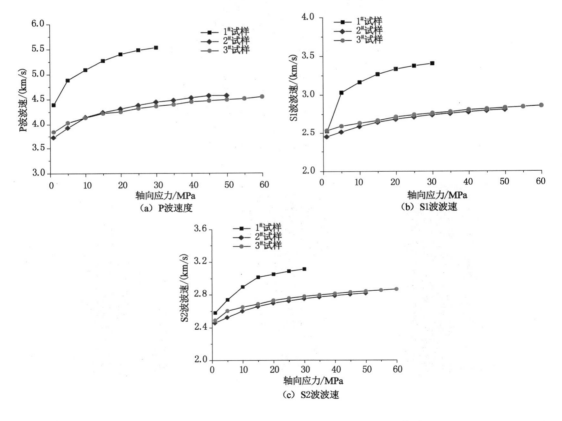

图 3-16 3 个试样 P 波、S1 波和 S2 波的波速变化曲线

由图 3-16 可知,2# 和 3# 试样波速明显低于 1# 试样的,这是由于接触面和节理的存在。
另外,2# 和 3# 试样的速度差异不大,这说明节理对震动波波速的传播影响不明显。P 波和
S 波的波速随着轴向应力上升而增加,并且增幅逐渐降低,特别是 1# 试样,该变化趋势最明
显,这说明波速主要取决于应力和岩石的破坏状态。

② 接触面对震动波能量的衰减规律

图 3-17 所示为 3 个试样 P 波振幅谱的分布以及高频和低频相应的谱峰值随应力的变化曲线。

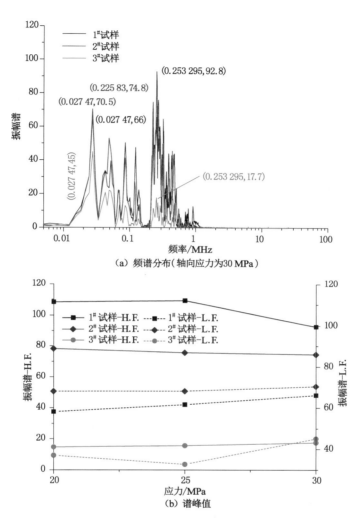

（a）频谱分布（轴向应力为30 MPa）

（b）谱峰值

图 3-17　试样的 P 波振幅谱的分布以及高频和低频相应的谱峰值

［注：图(b)中，H. F. 和 L. F. 分别代表高频和低频，下同］

由图 3-17(a)可知，相比 1# 试样，2# 试样的接触面明显衰减了 P 波的高频信号，同时低频信号增强，但频谱仍然呈现宽频特性。由于节理的存在，3# 试样的高频信号强度显著降低，频谱明显向低频段集中，同时优势低频的振幅谱值由于节理的衰减效应明显降低，另外高频信号衰减指数达 5.24。由图 3-17(b)可知，基于优势高频和低频的振幅谱随应力的变化，可以发现应力对接触面试样的微震 P 波的衰减并不显著。

图 3-18 所示为 3 个试样接收 S2 波的频谱分布以及不同应力水平高频和低频的谱峰值的变化趋势。

由图 3-18(a)可知，接触面对于 S2 波的衰减主要体现在高频段，对低频信号衰减不明显。

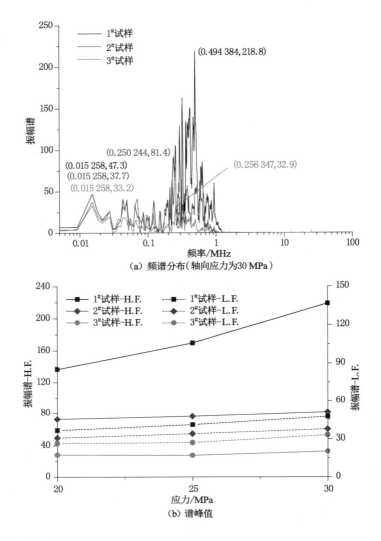

图 3-18　试样接收 S2 波的频谱分布以及不同应力水平高频和低频的谱峰值

节理进一步衰减高频信号,优势高频值降低,同样对低频信号衰减不明显。由图 3-18(b)可知,应力对完整试样 S 波的高频信号影响明显,应力越高,衰减越弱,优势高频的振幅谱越大,对低频信号影响轻微。应力对裂隙试样 S 波的衰减不明显。

③ 节理对震动波能量的衰减规律

图 3-19 所示为 $2^{\#}$ 和 $3^{\#}$ 试样接收 P 波的频谱分布以及不同应力水平高频和低频的谱峰值的变化趋势。

由图 3-19(a)可知,$3^{\#}$ 试样的节理对传播经接触面之后的微震 P 波进一步衰减,高频信号显著减弱,频谱主要呈现低频特征。由于节理的衰减效应,$3^{\#}$ 试样的优势低频的振幅谱小于 $2^{\#}$ 试样的。由图 3-19(b)可知,随着应力的增加,$3^{\#}$ 试样 P 波的优势高频信号基本稳定,而优势低频信号明显增强,这说明应力越高,节理的衰减效应越弱。对于 $2^{\#}$ 试样,应力上升导致优势高频信号强度减弱,这可能是由于接触面在高应力作用下发生破坏,从而对高

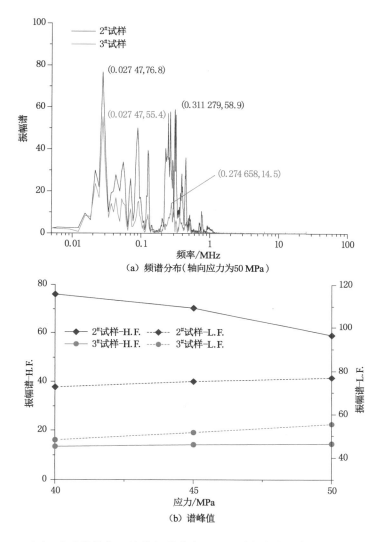

（a）频谱分布（轴向应力为50 MPa）

（b）谱峰值

图 3-19　2# 和 3# 试样接收 P 波的频谱分布以及不同应力水平高频和低频的谱峰值

频信号产生明显的衰减,频谱向低频段移动。

图 3-20 所示为 2# 和 3# 试样接收 S2 波的频谱分布以及不同应力水平高频和低频的谱峰值的变化趋势。

由图 3-20(a)可知,节理对 S 波的衰减相比 P 波较弱,优势高频和低频的振幅谱的衰减指数明显降低,优势高频相应减小,同时 3# 试样的频谱分布表现为宽频,高频信号也较强,这充分验证了节理对 P 波的衰减效应强于 S 波。由图 3-20(b)可知,应力对于接触面岩体的微震波衰减效应的影响不明显。

综上,实验得到如下结论:① 水平接触面对波速的衰减效应非常显著,而倾斜节理对波速的衰减不明显,特别对于 S 波。② 对于完整试样,P 波衰减明显,低频信号较强;S 波衰减不明显,频谱主要在高频范围。对于接触面试样,P 波衰减显著,低频信号增强;而 S 波衰减

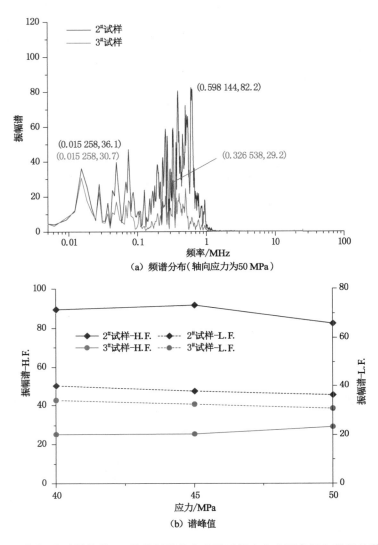

图 3-20　2# 和 3# 试样接收 S2 波的频谱分布以及不同应力水平高频和低频的谱峰值

不明显,表现为优势高频。在接触面的基础上,节理对 P 波进一步衰减,而对 S 波的衰减效应相对较弱。当应力较高时,节理可能发生滑移破裂,相当于形成新的接触面,从而会加剧微震波的衰减。③ 接触面衰减 P 波的高频信号,低频信号增强,但频谱仍呈现宽频特性;S 波的衰减主要在高频段,低频衰减不明显。节理对传播经接触面之后的 P 波进一步衰减,高频信号显著减弱,频谱呈现低频特征;对 S 波的衰减相比 P 波较弱,衰减指数明显降低。④ 对于完整试样,应力越高,信号衰减越弱,高频更丰富;对于接触面试样,应力对 P 波和 S 波的衰减均不明显。

3.1.3.3　震动波衰减规律的数值模拟

采用 FLAC³ᴰ建模,并运用软件中的 Dynamic 模块分析模型在震动波作用下的力学响应。建立的模型尺寸(长×宽×高)为 80 m×80 m×70 m,其中巷道断面尺寸(宽×高)为 4 m×3 m,模型共 10 层岩层,数值计算模型如图 3-21 所示。

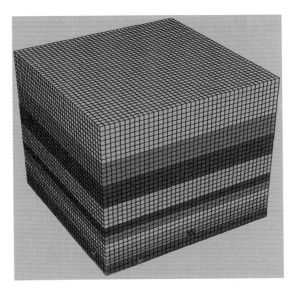

图 3-21   数值计算模型

(1) 数值计算方案

① 直接在实际的地质条件模型上施加动力载荷,监测震动波在水平和竖直方向的衰减特征。动力加载的模型示意如图 3-22 所示。震源的振动速度如图 3-23 所示。

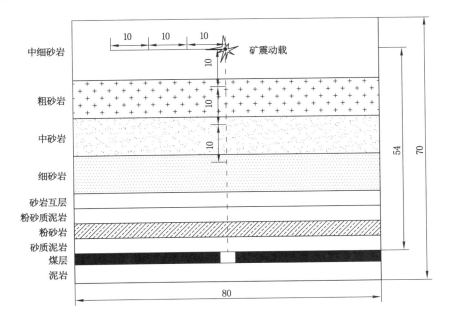

图 3-22   震动波加载模型(单位:m)

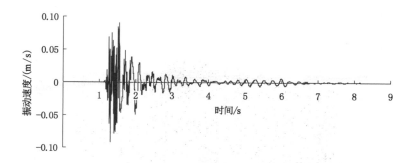

图 3-23 震源的振动速度-时间图

② 改变图 3-22 所示巷道顶板上方粉砂岩的体积模量和剪切模量,使其分别取原岩层的 0.1、0.01、0.001,模拟在上述三种弱岩层结构条件下震动波的衰减特征。图 3-24 所示为弱结构条件下应力波加载模型。

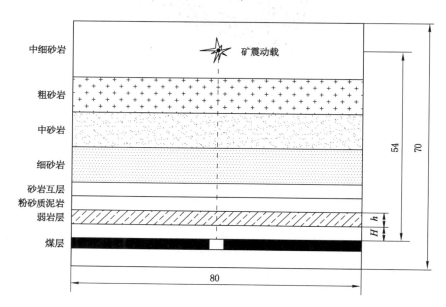

图 3-24 弱结构条件下的应力波加载模型(单位:m)

③ 在图 3-24 所示弱岩层系数取 0.01 条件下,改变弱岩层的厚度,模拟弱岩层厚度 h 分别为 4 m、8 m、12 m 时震动波的衰减特征。

④ 在图 3-24 所示弱岩层系数取 0.01、厚度 $h=4$ m 的弱结构条件下,模拟弱岩层距巷道顶板的高度 H 分别为 4 m、16 m、32 m 时震动波的衰减特征。

(2)模拟结果及分析

数值模拟过程中的震源取自井下采集的一次实际冲击地压信号,其动力分析的采样频率为 500 Hz,监测点的幅频图均取 0~60 Hz 低频段进行分析。

① 图 3-25 为震动波在图 3-22 所示条件下传播时,监测到的水平与竖直方向不同距离监测点的振动速度-时间图及幅频图。图 3-26 所示为相同传播距离时水平和垂直方向的振

动速度-时间图及幅频图,震源及水平和竖直方向不同距离监测点的最大幅度见表 3-2,图 3-27 为表 3-2 中水平、竖直方向不同距离监测点的最大幅度回归曲线。

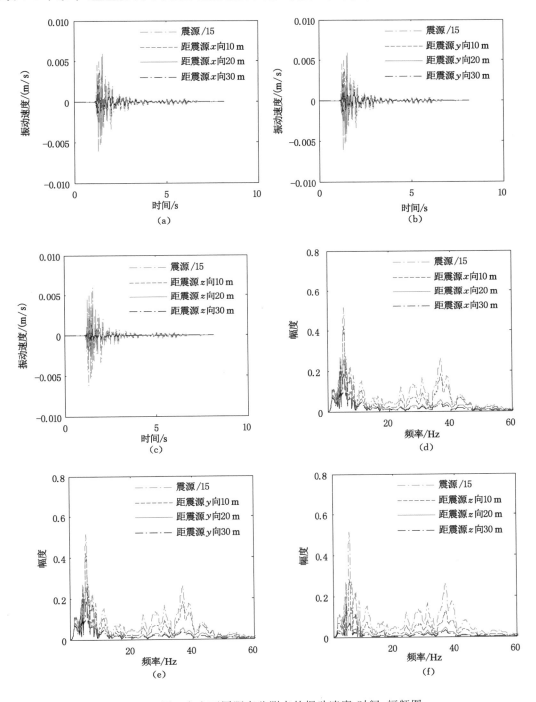

图 3-25　同一方向不同距离监测点的振动速度-时间、幅频图

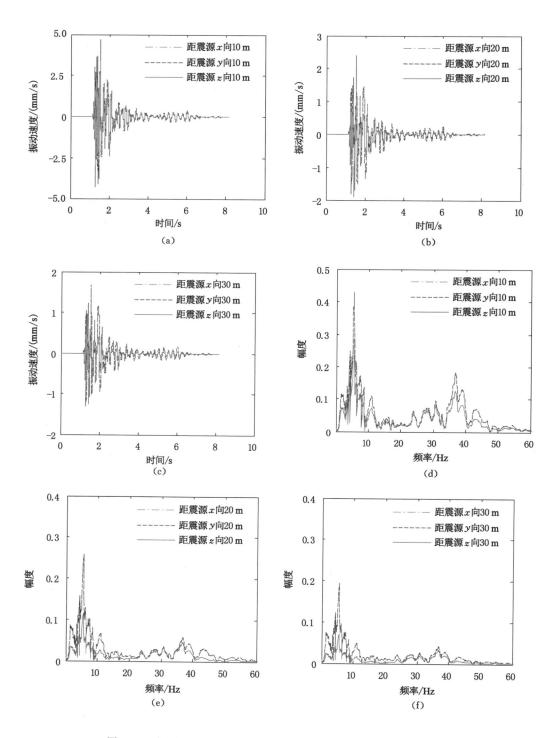

图 3-26 相同距离水平、竖直方向监测点的振动速度-时间、幅频图

表 3-2 震源及水平、竖直方向不同距离监测点的最大幅度

距离/m	最大幅度		
	x 向	y 向	z 向
0(震源)	7.760	7.760	7.760
10	0.428	0.428	0.285
20	0.259	0.259	0.115
30	0.192	0.192	0.069

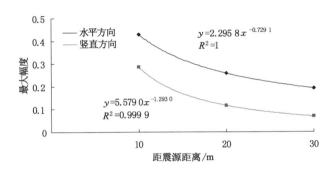

图 3-27 水平、竖直方向不同距离监测点的最大幅度回归曲线

根据图 3-25 至图 3-27 及表 3-2,结合震动波在低频段(0~20 Hz)的信号幅度,无论是水平方向还是竖直方向,震动波能量随着传播距离的增大呈乘幂关系递减,在水平 x、y 方向沿同一岩层传播时其衰减速率一致,衰减指数为 0.729 1,而在竖直方向的衰减指数为 1.295,这说明竖直方向的震动波衰减速率要比水平方向的大,主要是由于竖直方向不同岩层面之间的界面对震动波产生了折射及反射效应。

② 图 3-28 为不同弱岩层岩性条件下,在巷道顶板所监测到的振动速度-时间及幅频图。表 3-3 为不同弱岩层下在巷道顶板监测到的最大幅度。

表 3-3 不同弱岩层下在巷道顶板监测到的最大幅度

弱岩层系数	无弱岩层	0.1	0.01	0.001
巷道顶板最大幅度	0.025 3	0.021 2	0.007 1	0.000 9

根据图 3-28 及表 3-3 可知,巷道顶板上方存在的一层弱岩层对于震动波的衰减起到了重要的作用,其衰减的效果与弱岩层的岩性有关,岩性越弱,衰减幅度越大。

③ 图 3-29 为相同弱岩层岩性、不同弱岩层厚度条件下,巷道顶板监测点的振动速度-时间及幅频图。表 3-4 为不同厚度弱岩层下在巷道顶板监测到的最大幅度。

表 3-4 不同厚度弱岩层下在巷道顶板监测到的最大幅度

弱岩层厚度/m	4	8	12
巷道顶板最大幅度	0.007 1	0.004 3	0.003 6

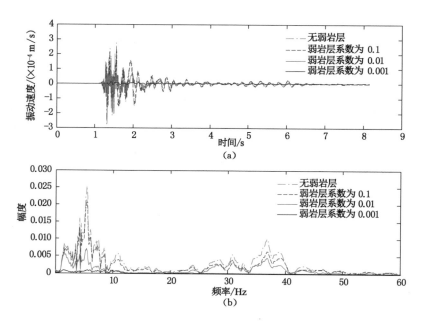

图 3-28　不同弱岩层下的巷道顶板振动速度-时间、幅频图

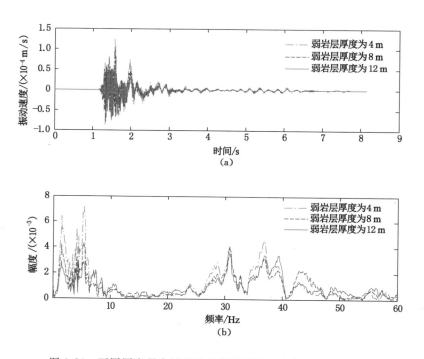

图 3-29　不同厚度弱岩层下的巷道顶板振动速度-时间、幅频图

根据图 3-29 及表 3-4 可知,随着弱岩层厚度的增加,在巷道顶板监测到的最大幅度不断减小。这说明弱岩层越厚,震动波衰减越显著。

④ 图 3-30 为相同弱岩层岩性、厚度条件下,弱岩层距巷道顶板不同高度时,监测点的振动速度-时间及幅频图。表 3-5 为弱岩层距巷道顶板不同高度时在巷道顶板监测到的最大幅度。

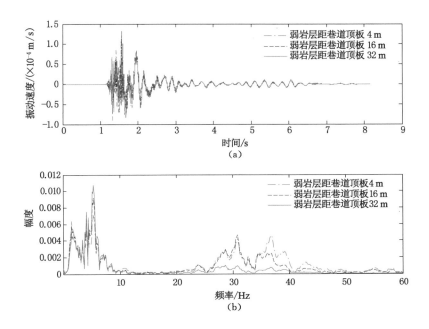

图 3-30　弱岩层距巷道顶板不同高度时的顶板振动速度-时间、幅频图

表 3-5　弱岩层距巷道顶板不同高度时在巷道顶板监测到的最大幅度

弱岩层距巷道顶板高度/m	4	16	32
巷道顶板最大幅度	0.007 1	0.009 2	0.010 8

根据图 3-30 及表 3-5 可知,随着弱岩层距离巷道顶板高度的不断增加,监测点震动波的幅值在低频段不断增大,这说明弱岩层距巷道越远,震动波衰减幅度越小。由于矿震信号能量多集中于低频段,选择距离巷道顶板最近的弱岩层可以起到最好的震动波衰减效果,从而可以更好地保护巷道免受冲击破坏。

3.1.3.4　现场实测验证

本次对震动波传播与衰减规律的现场试验研究在某工作面轨道巷进行,该巷道平均标高为 -840 m,在巷道周围共布置了 6 个三分量传感器,分别为 1^#、3^#、4^#、8^#、10^# 以及 12^# 传感器。由于该轨道巷正在掘进,利用最靠近掘进头的 1^# 传感器采集爆源中心的震动波,然后采集周围不同层位的 3^# 以及 4^# 传感器的微震数据,基于布置在不同层位的 3 个传感器数据,就可以分析煤岩接触面对震动 P 波和 S 波的衰减特性。表 3-6 所示为 3 个微震传感器的三维坐标。表 3-7 所示为测试区域的岩层以及接触面分布状况。图 3-31 所示为爆源和传感器布置情况。

表 3-6　1#,3# 和 4# 传感器三维坐标

传感器编号	x/m	y/m	z/m
1#	3 864 466.831	39 478 794.50	−902.200
3#	3 863 577.653	39 478 134.35	−734.500
4#	3 864 772.992	39 479 980.53	−742.157

表 3-7　试验区域岩层综合柱状

序　号	岩　性	厚度/m	备　注
1	泥岩	30～45	3# 传感器
2	细砂岩	40	4# 传感器
3	砂岩	10	
4	中粗砂岩	30	
5	砂岩	15	
6	粗砂岩	5	
7	中粗砂岩	14	
8	细砂岩	3	
9	7# 煤层	1.8	爆源(−860 m)
10	细砂岩和泥岩	3.5	
11	中砂岩	22	
12	9# 煤层	2.2	
13	细砂岩	10	
14	砂岩	10	1# 传感器

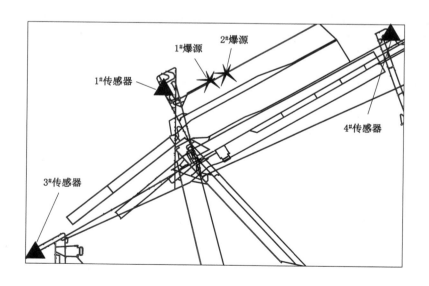

图 3-31　爆源和传感器布置情况

由表 3-7 可知,爆源距 1#、3# 和 4# 传感器的垂直距离分别为 42.2 m、125.5 m 和 117.84 m,两者之间的接触面数量分别为 5 个、8 个和 7 个。

试验 1:在工作面轨道巷迎头施工了 5 个爆破孔,装药 15 kg,爆破后 3 个传感器均记录到了清晰的微震波形。1#、3# 和 4# 传感器距离爆源的传播距离分别为 249.5 m、1 306 m 以及 986.6 m。图 3-32 所示为 3 个传感器采集到的微震 P 波波形以及相应的初次到时。图 3-33 所示为 3 个传感器采集到的微震 P 波和 S 波的频谱分布曲线。

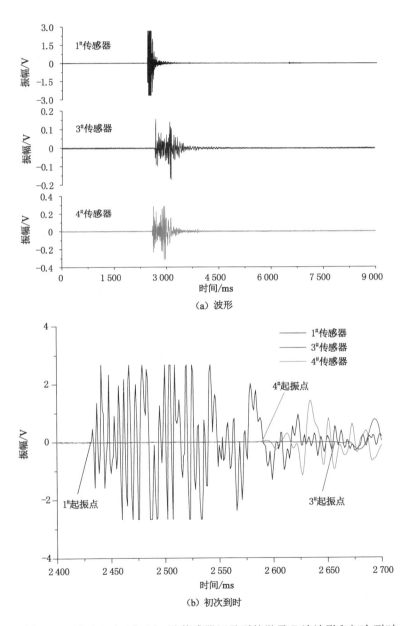

图 3-32 试验 1 中 1#、3#、4# 传感器记录到的微震 P 波波形和初次到时
[注:图(b)中,3#、4# 传感器的振幅被放大了 5 倍]

由图 3-32(a)可知,距离爆源越远,P 波的高频信号越弱,低频信号相对增强。而由图 3-32(b)可知,微震波传播距离越远,P 波的初次到时越滞后。例如,1# 传感器的传播距离只有 249.5 m,其 P 波的初次到时相对 3# 和 4# 传感器的明显早得多。

根据图 3-33(a)可知,随着垂直传播距离的增加,微震 P 波的高频信号显著衰减,优势主频从 190 Hz 降低到 28 Hz,频谱从高频段向低频段移动。特别是 3# 传感器相对 4# 传感器的垂直层位高度只增加了 7.66 m,多传播经历了一个接触面,但优势主频对应的振幅谱衰减了近 60%,这充分说明了接触面对微震 P 波具有显著的衰减效应。由图 3-33(b)可知,随着水平传播距离的增加,微震 S 波的高频信号显著衰减,优势主频从高频 194 Hz 降低到 25 Hz。3# 和

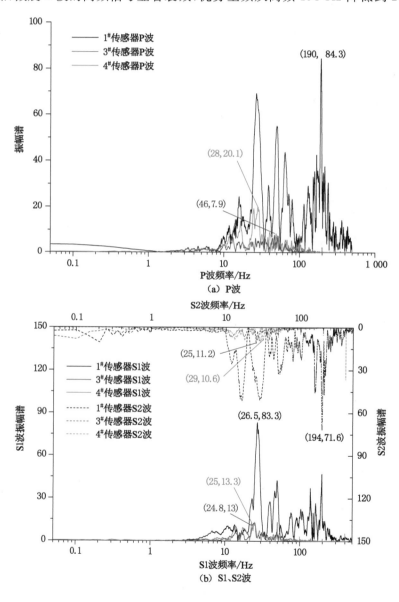

图 3-33　试验 1 中 1#、3# 和 4# 传感器记录到的 P 波和 S 波的频谱分布

4#传感器至爆源的水平距离分别为 1 300 m 和 980 m,相差高达 320 m,但是两者的优势低频非常接近,且对应的振幅谱几乎相等,这说明接触面对微震 S 波的衰减效应不明显,这一点和实验研究的结论是一致的。另外,3#传感器的水平传播距离是 1#传感器的 5.3 倍时,优势主频对应的振幅谱衰减了近 84%。而两者的垂直传播距离增加 3 倍时,优势主频对应的振幅谱则衰减了近 91%,再次充分验证了接触面对微震 P 波显著的衰减效应。

试验 2:在工作面材料巷迎头施工 5 个爆破孔、1 个底板爆破孔(装 5 卷药),共计 6 个爆破孔。当班爆破装药 15 kg,爆破后 3 个传感器均记录到了清晰的微震波形。1#、3# 和 4# 传感器距离爆源的传播距离分别为 315 m、1 371.5 m 以及 920 m。图 3-34 所示为此次爆破 3 个传感器采集到的微震 S1 波的波形以及相应的初次到时。图 3-35 所示为 3 个传感器采集到的微震 P 波和 S 波的频谱分布曲线。

综上,第 2 次测试结果与第 1 次测试类似。随着微震波的传播,振幅逐渐降低,高频信号减弱,低频信号逐渐增强[图 3-34(a)]。特别地,从 4#传感器采集的微震波形来看,明显分为两个部分,一部分为接收的爆炸微震波,另一部分为周围岩体破裂产生的"噪声",且低频信号显著增强。与第 1 次试验采集的 P 波初次到时相比,考虑较小的传播距离差异,S 波的初次到时较滞后[图 3-34(b)],因为其较低的波速。另外,传播距离越短,S 波初次到时越早。

类似第 1 次试验,3#传感器相对 4#传感器垂直层位高度只增加了 7.66 m,多传播经历了一个接触面,但优势主频对应的振幅谱衰减了近 60%(而且两次试验的测试值非常接近),这再一次充分证实了接触面对微震 P 波具有显著的衰减效应,总体上衰减指数只和垂直传播距离和所经的接触面数量密切相关。3# 和 4# 传感器至爆源的水平距离分别

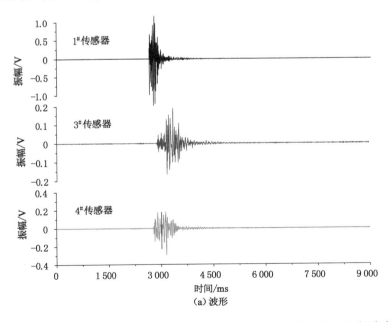

图 3-34 试验 2 中 1#、3#、4# 传感器记录到的微震 S1 波波形和初次到时
[注:图(b)中,3#、4# 传感器的振幅被放大了 5 倍]

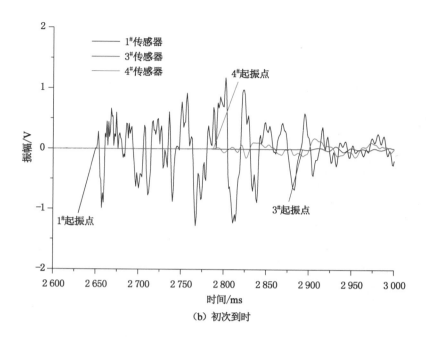

（b）初次到时

图 3-34（续）

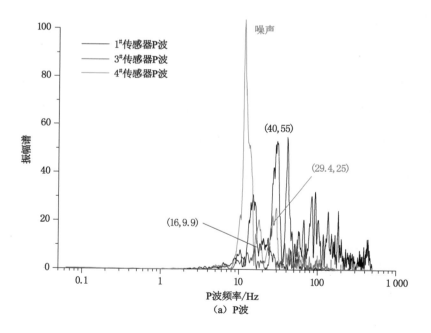

（a）P波

图 3-35　试验 2 中 1#、3#、4# 传感器记录到的 P 波和 S 波的频谱分布

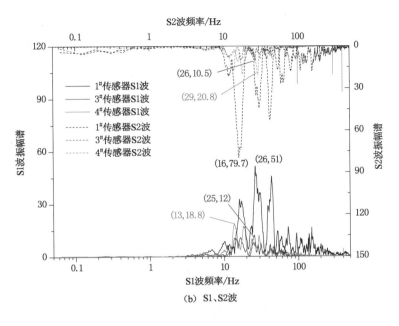

图 3-35（续）

为 1 365.8 m 和 912.6 m，相差高达 453.2 m，但是两者优势低频对应的振幅谱差异不显著，且 4# 传感器的大于 3# 传感器的，这说明水平传播距离对微震 S 波的衰减具有一定的作用。

综上，现场爆破微震波传播与衰减测试结果表明：① 随着微震波的传播，高频信号显著衰减，频谱从高频段向低频段移动，特别是接触面对微震 P 波具有显著的衰减效应，但对 S 波的衰减效应不明显。② P 波的衰减速度明显高于 S 波，水平传播距离对微震 P 波的衰减几乎没有影响，仅和垂直传播距离特别是所经的接触面数量密切相关。另外，水平传播距离对微震 S 波的衰减具有一定的作用。

3.2 现场验证

以鲍店煤矿十采区为例，对矿震事件震源发生的平面位置和岩层层位进行分析，根据震源的空间分布和演化特征，进一步研究工作面开采间的相互关系、震动发生的岩层层位及岩层的破断形态。

3.2.1 单一工作面开采矿震事件空间分布规律

以 103上02 工作面开采期间的微震事件空间分布为例，研究分析随工作面推进矿震事件的发生位置，尤其是微震大事件及强矿震事件发生的岩层层位，为分析上覆岩层的结构及破断形式提供依据。图 3-36 和图 3-37 为 103上02 工作面开采期间分月统计的不同能量级别的微震事件发生的平面位置投影图和沿轨道巷的剖面投影图（取三个阶段进行分析）。

从微震事件活动分布的空间位置可得到如下结论：

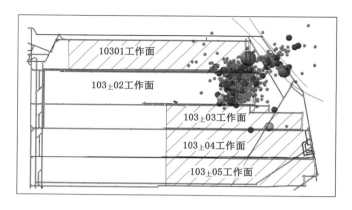

(a) 2008-08-01—2008-08-31

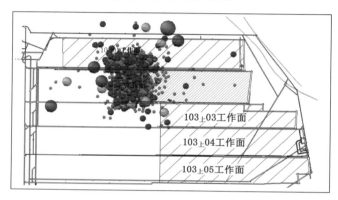

(b) 2009-02-01—2009-02-28

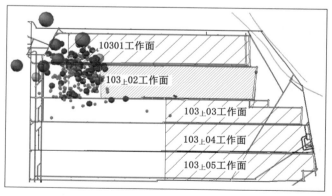

(c) 2009-04-01—2009-04-30

图 3-36　103$_{上}$02 工作面微震平面位置投影图

（1）微震事件集中区域随工作面的推进逐步往前移动、向上发展；采空区底板发生的震动随开采进行逐渐增多；工作面上方发生的震动多在 103$_{上}$02、10301 工作面后方，且分布上呈现一条斜线带，这表明开采诱发震动与采空区顶板运动密切相关，尤其是强矿震

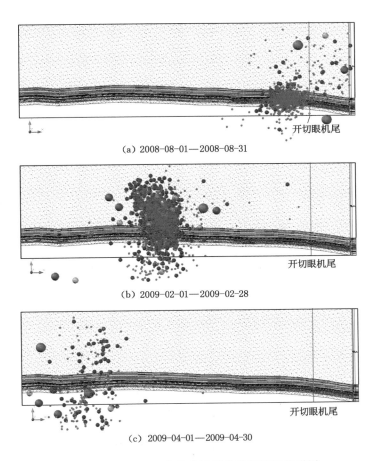

(a) 2008-08-01—2008-08-31

(b) 2009-02-01—2009-02-28

(c) 2009-04-01—2009-04-30

图 3-37　$103_{上}02$ 工作面微震沿轨道巷剖面投影图

事件。

（2）工作面开采初期，在 $X\text{-}F_7$、$X\text{-}F_{20}$ 断层和破碎带附近出现了大量的微震事件，且主要位于断层和开切眼的附近区域。这证明由于断层的切割，$103_{上}02$ 工作面开切眼附近上覆岩体受到明显的破坏，顶板岩石垮落。开采初期的几次强矿震事件也主要分布在 $X\text{-}F_7$、$X\text{-}F_{20}$ 断层附近，这表明工作面开采不仅能引起顶板破碎岩层的不断垮落，还可能诱发断层等地质构造活化，产生强烈的震动大事件。

（3）震动多集中在 $103_{上}02$ 工作面轨道巷侧，在运输巷侧的震动则较少；轨道巷侧为 10301 工作面采空区，上覆高位顶板（红层）垮落不充分，受采动影响后，顶板破断运动加剧。随 $103_{上}02$ 工作面开采扰动和采空区面积的增加，10301 和 $103_{上}02$ 工作面采空区覆岩形成一个跨度极大的厚板，从而容易引起顶板整体性运动，震动频次及能量非常高，强矿震事件主要出现在 10301 和 $103_{上}02$ 工作面采空区上覆坚硬顶板中。

（4）与工作面顶板垮落相关的 10^4 J 以下的小能量震动事件主要分布于工作面开切眼后方；随开采范围不断扩大，工作面前方出现较多 10^4 J 以上的震动事件，这表明煤岩层在超前支承压力作用下已经开始出现大范围断裂或破坏。10^5 J 以上的强矿震事件分布也由开采初期的 10301 和 $103_{上}02$ 工作面采空区后方上覆岩层区域逐步向 $103_{上}02$ 工作面前方支承压力区转移,这表明上覆巨厚红层随工作面的推进已开始呈现周期性的变化。

3.2.2 工作面开采期间微震事件时空演化分布规律

对 2008 年以来已开采工作面的微震事件分工作面进行分级统计和整理(以大于 10^4 J 能量事件为例),研究在整个工作面开采期间微震事件的时空演化分布规律。

(1) $103_{上}02$ 工作面矿震活动空间演化规律

图 3-38 和图 3-39 为 $103_{上}02$ 工作面开采期间微震事件分级平剖面投影图。

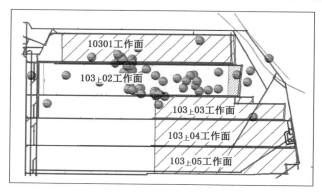

(a) $10^4 < E < 10^5$ J

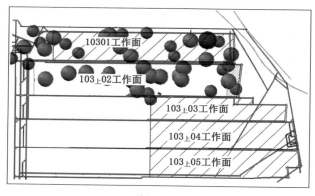

(b) $E \geqslant 10^5$ J

图 3-38 $103_{上}02$ 工作面微震事件平面分布图

微震大事件主要发生在 $103_{上}02$ 工作面轨道巷两侧附近的上覆巨厚红层中,这表明随着 10301 和 $103_{上}02$ 工作面回采,形成的巨大采空区红层厚板已达到运动步距,即工作面见方后上覆巨厚红层运动,造成强矿震事件。随着工作面的推进,强矿震事件发生的位置呈现一定的规律性,发生层位逐渐由红层的顶部向上部转移,而且两次强矿震事件集中区域之间的距离相差不大,为红层的破断运动步距。

(2) $103_{下}02$ 工作面矿震活动空间演化规律

图 3-40 和图 3-41 为 $103_{下}02$ 工作面开采期间微震事件分级平剖面投影图。

强矿震事件主要集中在 10301 和 10302 工作面交界处、工作面采空区及 X-F_7 和 X-F_8 断层区。这主要是由于 10302 工作面上层煤回采后,10301 和 10302 工作面上覆巨厚红层

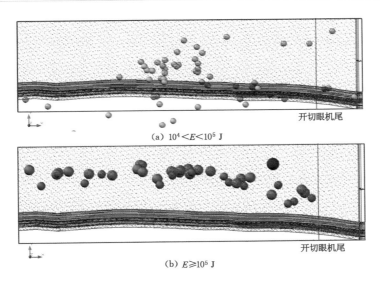

（a）$10^4 < E < 10^5$ J

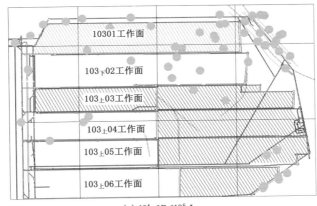

（b）$E \geqslant 10^5$ J

图 3-39　$103_{下}02$ 工作面微震事件走向剖面图

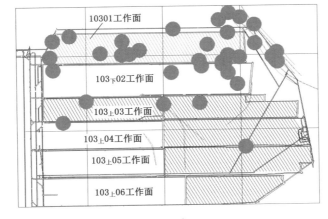

（a）$10^4 < E < 10^5$ J

（b）$E \geqslant 10^5$ J

图 3-40　$103_{下}02$ 工作面微震事件平面分布图

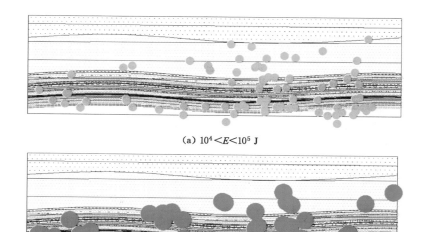

(a) $10^4 < E < 10^5$ J

图 3-41　103下02 工作面微震事件走向剖面图

断裂破坏;下层煤回采后将引起两工作面上覆红层的整体下沉,产生强矿震事件,且多数发生在采空区,数量较开采上层煤时要多,但强度及对工作面的影响程度相对减轻。 在 10301 和 10302 工作面的东翼,地质构造复杂(尤其是断层发育),工作面充分开采后引起断层的滑移,从而产生强矿震事件。

（3）103上06(2)工作面矿震活动空间演化规律

图 3-42 和图 3-43 为 103上06(2)工作面开采期间微震事件分级平剖面投影图。

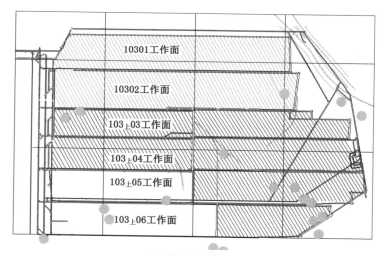

(a) $10^4 < E < 10^5$ J

图 3-42　103上06(2)工作面微震事件平面分布图

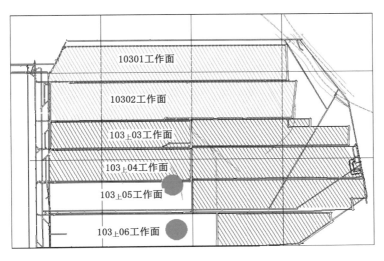

(b) $E \geqslant 10^5$ J

图 3-42(续)

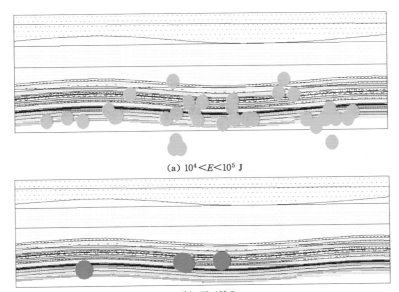

(a) $10^4 < E < 10^5$ J

(b) $E \geqslant 10^5$ J

图 3-43 103$_上$06(2)工作面微震事件走向剖面图

(4) 103$_下$03 工作面矿震活动空间演化规律

图 3-44 和图 3-45 为 103$_下$03 工作面开采期间微震事件分级平剖面投影图。

强矿震事件主要发生在 103$_上$05(2)工作面四周巷道和 10303、10304、10305 工作面巷道交界处,103$_下$03 工作面回采前上层煤已基本开采完毕,工作面一旦回采将引起红层的剧烈运动,在相邻工作面(尤其是 10304 工作面)产生动压冲击。后期 3$_下$煤层任意工作面开采

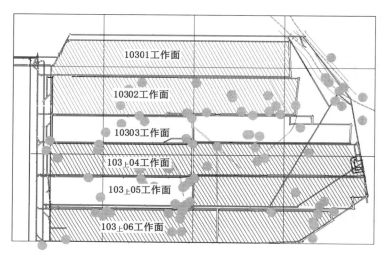

(a) $10^4 < E < 10^5$ J

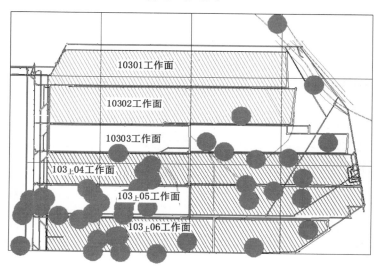

(b) $E \geqslant 10^5$ J

图 3-44   103₊03 工作面微震事件平面分布图

时,都会造成上覆巨厚红层的再次运动,从而在 3₊煤层工作面采空区引起连锁反应,形成强矿震事件。工作面开采期间强矿震发生的岩层层位很好地证明了这一点:强矿震事件基本上发生在巨厚红层和 3₊煤层采空区。从微震事件平面分布图上可看出,在 10301 和 10302 工作面基本上没有微震事件,尤其是没有强矿震事件,这说明 10301 和 10302 工作面上覆岩层已充分运动,采空区被充分填实,上覆巨厚红层运动结束。这再次说明工作面开采见方后上覆巨厚红层运动充分,运动时产生强矿震事件。

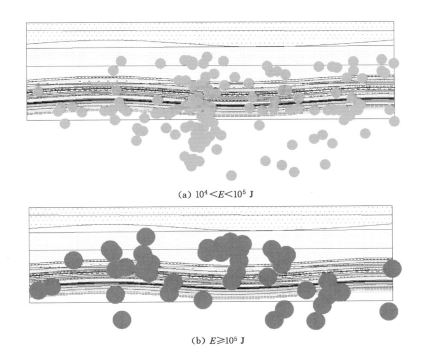

(a) $10^4 < E < 10^5$ J

(b) $E \geqslant 10^5$ J

图 3-45　103下03 工作面微震事件走向剖面图

3.3　本章小结

（1）基于梁和板的相关理论，结合工作面的实际，亚关键层在单工作面回采期间周期性破断运动，主关键层在工作面见方时破断运动。亚关键层随单工作面的回采周期性破断运动，引起微震事件及微震大事件；主关键层在工作面回采见方，即回采两个工作面时破断运动，引起强矿震事件。

（2）根据关键层的破断步距，主关键层断裂冲击位置主要位于两工作面的巷道上方位置，冲击能量巨大，足以诱发冲击地压。

（3）冲击震动能量沿传播距离呈乘幂关系衰减，而且受不同岩层间接触面的反射及折射作用，竖直方向的衰减要大于水平方向的衰减。巷道顶板的弱岩层可以起到衰减震动波的作用，且弱岩层岩性越弱，震动波衰减幅度越大；弱岩层厚度越大，震动波的衰减越明显；在弱岩层距巷道顶板不同高度条件下，在巷道顶板监测到的震动波幅值在低频段表现为随着高度的减小而减小。

（4）高硬度、高强度的红层会增加煤壁前方的应力集中程度；在不同厚度红层条件下，红层厚度大的应变较大，相应的其应力也较高。现场微震观测表明，强矿震事件基本上发生在巨厚红层和 3上煤层采空区。

4　矿震对矿井安全生产的影响

4.1　震动波的衰减特征

矿震造成巷道及开采空间的破坏,其主要原因是震源产生的震动波传递并扰动处于极限应力状态的岩体而诱发能量的突然释放。但矿震所激发的震动波在岩体内传播过程中,受到岩体塑性、非线性和黏性等阻尼作用的影响,而被消耗和吸收,产生固有衰减;而当其遇到障碍物、断层等异质界面时又会出现折射和反射,产生散射效应。故将震动波衰减分为固有衰减和散射衰减两类。本节就两种形式的震动波衰减特性进行分析。

4.1.1　震动波固有衰减特性

岩体作为一种历史演变下的复杂产物,具有明显的非线性和各向异性特点。此特性表现出对震动波的衰减称为固有衰减。震动波能量的固有衰减主要是由于介质的内摩擦和热传导引起的能量耗散。

震动波的固有衰减主要呈指数衰减规律。随传播距离的增大,震动波能量的指数衰减规律可以表示为:

$$E_i = E_0 e^{-\eta r_i} = E_0 e^{-\frac{2\pi f}{vQ} r_i} \tag{4-1}$$

式中　η——震动波能量衰减指数,η 随着介质的破碎度和松散度的增大而增大。

因 P 波、S 波的传播速度存在关系 $v_P > v_S$,品质耗散因子 $Q_P > Q_S$,固有 P 波、S 波的能量衰减指数存在关系 $\eta_P < \eta_S$。同时,震动波的衰减程度还跟震动主频 f 有关,即震动主频越高,越容易衰减。根据 P 波、S 波衰减特性的不同,将能量衰减规律进一步细化为:

$$E_{iP} = E_{0P} e^{-\frac{2\pi f}{v_P Q_P} r_i}, E_{iS} = E_{0S} e^{-\frac{2\pi f}{v_S Q_S} r_i}, E_i = E_{iP} + E_{iS} \tag{4-2}$$

式中　E_{0P}, E_{0S}——分别为矿震震源激发的 P 波、S 波能量。

为更直观地表述震动波固有衰减特性,引入"顺层传播"这一概念。顺层传播是指震动波从震源处开始,不经岩层接触面而只在单个岩层中传播的一种情形。在水平 $x、y$ 方向沿同一岩层传播时,其衰减速率一致,能量衰减指数约为 0.7,如图 4-1 所示。震动波不受散射效应影响,顺层传播的必要条件为矿震发生时所携带的能量较小、所经过单一岩层较厚且内部包含较多松散软弱孔隙。

4.1.2　震动波散射衰减特性

震动波在岩石中传播,经过异质界面时,会出现震动波的折射、反射现象,从而产生散射效应。散射衰减属于一种几何效应,是能量在时间和空间的重新分配。

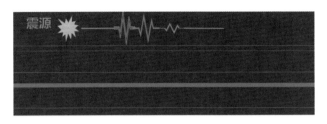

图 4-1　震动波顺层传播示意

事实上,由于岩层结构的复杂性,将介质散射衰减和固有衰减分离具有很大难度,因此,矿山震动波衰减规律往往将震动波散射衰减和固有衰减一起以指数衰减形式进行描述。

综上,在不考虑矿震震源破裂特性前提下,对点震源或单位球体,综合考虑震动波几何扩散及岩体介质的阻尼影响,震动波能量在岩体中的传播和衰减规律可近似表示为:

$$E_{iP} = E_{0P} r_i^2 \mathrm{e}^{-\frac{2\pi f}{v_P Q_P} r_i}, E_{iS} = E_{0S} r_i^2 \mathrm{e}^{-\frac{2\pi f}{v_S Q_S} r_i}, E_i = E_{iP} + E_{iS} \tag{4-3}$$

其峰值位移振幅的衰减规律同样可表示为:

$$A_{iP} = A_{0P} r_i^2 \mathrm{e}^{-\frac{\pi f}{v_P Q_P} r_i}, A_{iS} = A_{0S} r_i^2 \mathrm{e}^{-\frac{\pi f}{v_S Q_S} r_i} \tag{4-4}$$

震动波在岩体内传播并非"顺层"这一种形式,还存在"穿层传播"。所谓穿层传播,是指震动波从爆源到测点的传播途中穿过若干岩层接触面。如图 4-2 所示,震动波每经历一个接触面,就要进行一次反射过程,从而造成震动波的能量损失。我们将震动波的这种衰减形式称为散射衰减。

图 4-2　震动波穿层传播示意

根据震动波进入分层界面的角度又分为垂直入射和斜入射两种类型,震动波垂直入射和斜入射所表现出的散射衰减能力是完全不同的。

4.2　矿震对井上、下生产的影响

4.2.1　对井下的影响

矿震对井下巷道的影响主要是动力将煤岩抛向巷道,破坏巷道周围煤岩的结构及支护系统。支护系统作为保障巷道稳定性的关键,当所遇矿震震级较大时,极易丧失承载功能,从而对接下来的回采工作造成巨大的难度。

根据矿震发生机理和位置,不同类型的矿震对井下的影响不同。当矿震发生在采空区或高位岩层中时,对井下不会造成影响,只有声响和震动;当发生压缩型矿震时,在矿震能量较大时会对井下造成一定破坏;当发生冲击型矿震时,会对井下造成破坏。

为了解矿震对井下巷道的影响程度,根据相关文献可知,震源发生震动后,会产生压力降,而震源的压力降与巷道破坏之间存在着一定的关系。压力降可通过测量震源的有关物理参数来确定。

如果已知振动速度或加速度,可计算压力降,即

$$\Delta\sigma_x = \rho v_{\mathrm{P}} (\mathrm{PPV})_x \tag{4-5}$$

$$\Delta\sigma_y = \Delta\sigma_z = \Delta\sigma_x \left(\frac{\gamma}{1-\gamma}\right) \tag{4-6}$$

$$\Delta\tau_{xy} = \rho v_{\mathrm{S}} (\mathrm{PPV})_y \tag{4-7}$$

式中　$\Delta\sigma_x$,$\Delta\sigma_y$,$\Delta\sigma_z$——正应力;

　　　$\Delta\tau_{xy}$——剪应力;

　　　v_{P},v_{S}——纵、横波的传播速度;

　　　$(\mathrm{PPV})_x$,$(\mathrm{PPV})_y$——振动速度在 x,y 方向的幅值。

因此,可采用振动速度来确定震动对井巷损伤程度,如表 4-1 所示。

表 4-1　矿山震动对井巷的影响

影响程度	PPV/(mm/s)	影响特征
I	<200	对井巷有影响
II	200~400	对井巷影响较小,产生小的破坏,出现裂纹、剥落等现象
III	≥400	对井巷影响明显,出现大的新裂纹

强矿震容易诱发冲击显现。例如,2020 年 11 月 30 日,东滩煤矿 63上06 工作面发生矿震,引起现场冲击显现。冲击发生时现场扬起大量煤尘,工作面轨道巷多处牌板、隔爆水棚被冲击产生的气浪吹落,超前 900 m 范围巷道均有掉渣现象;轨道巷超前 120 m 范围巷道破坏,超前 60 m 范围巷道破坏严重。巷道最大底鼓量 1.6 m,沿空最大帮鼓(实体帮)2 m,个别帮部锚索崩断。超前硐室处一根单体支柱折断,5 个超前支架立柱与顶梁连接处折断、缸体开裂。

4.2.2　对井上的影响

矿震对井下巷道产生破坏的同时,也对井上的建(构)筑物造成不同程度的损坏。

大部分矿震能量较小,且在震动波传播过程中,能量衰减较快,对地表影响范围较小,一般不会造成地表塌陷。如果大部分采场上覆地表建筑物,如村庄或其他建筑物在开采前已搬迁,对地表的损害就较小。

一些浅埋深矿井(埋深不大于 150 m)发生矿震时,部分大能量矿震距离地表较近,会对地表及地表建(构)筑物造成损坏。

根据矿震对地表的影响,可将其分为 7 类,并用震动能量、振动加速度和振动速度来表示,如表 4-2 所示。

表 4-2 矿震对地表影响分类

强度等级	影响程度	震动能量/J	振动加速度/(mm/s²)	振动速度/(mm/s)
1~4	0	$<1.0 \times 10^7$	<120	<5
5	1a	$1.0 \times 10^7 \sim 5.0 \times 10^7$	$120 \sim 180$	$5 \sim 7$
	1b	$5.0 \times 10^7 \sim 1.0 \times 10^8$	$180 \sim 250$	$7 \sim 10$
6	2a	$1.0 \times 10^8 \sim 5.0 \times 10^8$	$250 \sim 370$	$10 \sim 15$
	2b	$5.0 \times 10^8 \sim 1.0 \times 10^9$	$370 \sim 500$	$15 \sim 20$
7	3a	$1.0 \times 10^9 \sim 5.0 \times 10^9$	$500 \sim 750$	$20 \sim 25$
	3b	$5.0 \times 10^9 \sim 1.0 \times 10^{10}$	$750 \sim 1\,000$	$25 \sim 30$

根据表 4-2,就矿震对地表影响阐述如下:

(1) 3 级和 4 级:大楼中的一些居民能感受到震动,类似于一卡车在楼旁经过。

(2) 5 级:大楼中的所有居民均能感觉到震动,一些在楼外的居民也能感受到;许多熟睡的居民被吓醒;动物受惊;悬挂的物体来回摆动;某些轻的物体移动;未锁的门窗来回扇动;震动类似于一个很重的物体从楼外掉下。

(3) 6 级:大楼内外的居民均能感受到震动,并能造成许多人的惊慌;画从墙上掉落;书从书架上掉下;家具移动。

(4) 7 级:许多人惊慌乱跑;类似于坐在行驶中的小汽车内;建筑物因内部家具移动受强烈损坏。

4.3　矿震对采场应力分布的影响

矿震使矿井应力场发生改变,按照次生应力场改变的动力来源分为以下三种类型,即诱发重力型矿震、诱发构造运动型矿震及混合型(重力-构造型)矿震,其对采场应力分布的影响如下。

诱发重力型矿震:地下开挖形成自由空间,来自上覆岩层的重力使顶板产生下弯作用力,导致顶板破裂产生矿震。来自上覆岩层的重力对矿柱和岩壁施加竖向压应力、侧向泊松效应使岩体受拉,从而导致矿柱和岩壁失稳而产生矿震。在采空区底板,竖向重力卸荷,聚集在岩体中的弹性能产生弹性恢复,加上水平原岩应力及竖向矿柱和岩壁施加的压应力产生的侧向泊松效应,对采空区底板岩层产生指向上方采空区的作用力,从而导致底板隆起、层裂或诱发断层活动产生矿震。

诱发构造运动型矿震:地下开挖形成自由空间,残存于岩体内的构造应力抑或受区域现今构造运动作用,在一定条件下突然猛烈地向自由空间释放,往往激活原有断层,有时也产生新的断层,从而发生矿震。

混合型(重力-构造型)矿震:上述两种因素均存在。

4.4　矿震对地面的影响

随着矿井开采规模和强度的不断增加,矿震发生频次和危害程度呈现不断增长趋势。

关键层理论认为,各级关键层对采场上覆局部或直至地表的全部岩层活动起控制作用,厚硬关键层的破断及覆岩空间结构失稳均会引起不同强度的矿震,浅地表强矿震不仅能够诱发井下冲击地压等动力灾害,还会引起地面强烈震感甚至造成建(构)筑物的震动损害。比较典型的是北票台吉矿在1977发生的M_L4.3级矿震,是我国迄今为止有记录的最大一次矿震,震后统计此次矿震在地面影响范围超过2 km^2,造成504户1 164间民房及台吉矿部分工业建筑不同程度震动损害,地面受伤人员达12人。伴随强矿震产生的地表强烈震动(感)不仅对建(构)筑物安全构成潜在威胁,也对矿区居民造成较大的心理"恐慌",矿震由采矿安全问题逐步演化成公共安全问题。因此,开展矿震引起地面震动损害研究具有重要的意义。

目前,国内专家学者在矿震发生机理及其对井下动力灾害的孕育和综合防治技术方面开展了大量研究,研究成果侧重井下震动损害预测及防治。而针对矿震引起地面震动损害预测和防治研究较少,当前开采地面损害边界研究主要还是以地表沉陷和岩层移动为基础,没有考虑近地表厚硬关键层破断时强矿震对地面震动影响。开采地面损害边界除了要研究由岩层移动或地面沉降引起的移动损害边界之外,还需要分析由厚硬关键层破断引起的地面震动损害边界的影响范围及程度,如图4-3所示。

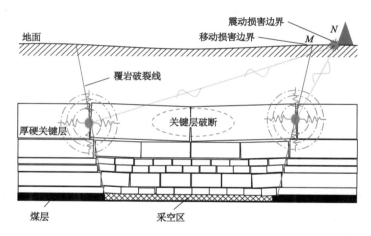

图4-3　开采地面损害边界示意

4.4.1　强矿震引起地面震动工程实例

东滩煤矿矿区开采的范围内,地面存在部分村庄和居民,$63_上04$、$63_上05$和$63_上03$工作面回采期间共发生95次M_L2.0级以上的矿震事件,如表4-3所示。频繁发生的大能量矿震事件,造成工作面周边近6 km范围内地面建筑物的频繁"晃动",给矿区居民造成了严重的心理恐慌。由于六采区还剩下7个主力工作面需要回采,继续回采会造成上覆岩层的悬露面积越来越大,关键层断裂诱发矿震的可能性越来越大,因此,需要评估工作面的继续回采对地面建筑物造成的影响,以备做好相应的抗震防范措施,消除政府的担忧和居民的恐慌。

表 4-3　六采区工作面回采期间 M_L 2.0 级以上的矿震事件

工作面名称	M_L 2.0 级以上矿震次数/次	合　计
$63_{上}04$ 工作面	34	
$63_{上}05$ 工作面	53	95
$63_{上}03$ 工作面	8	

4.4.2　开采地面震动损害边界的趋于定量分析

岩体单向拉伸或者压缩状态下,其弹性变形前应力与应变基本呈正比例关系(即 $\sigma_x = E\varepsilon_x$),如图 4-4 所示,单位体积应变能(应变能密度)为:

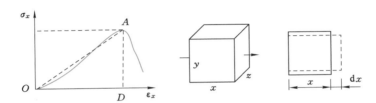

图 4-4　岩体单元单向作用下应力-应变曲线和变形

$$u_x = E\varepsilon_x/2 \tag{4-8}$$

实际三向应力状态下,单元体的应变能在数值上等于外力做的功。假设厚硬关键层在破断前为一个弹性储能系统,贮存能量 U 表示如下:

$$U = \int_V \boldsymbol{f}^{\mathrm{T}}\boldsymbol{\Omega}\mathrm{d}V + \boldsymbol{f}^{\mathrm{T}}\boldsymbol{q}\mathrm{d}S + \boldsymbol{f}^{\mathrm{T}}\boldsymbol{D}\mathrm{d}V \tag{4-9}$$

式中　U——弹性系统的体变力 $\boldsymbol{\Omega}$、载荷力 $\boldsymbol{q}$ 和形变力 $\boldsymbol{D}$ 所做的功;

　　　S——弹性系统承荷面载荷边界;

　　　$\boldsymbol{f}$——弹性系统承受力点的位移矩阵。

事实上,岩体受到外力作用发生变形较为复杂,变形过程中不仅产生弹性变形,还产生塑性变形,如图 4-5 所示。实际顶板岩层在发生弯曲变形过程中,岩体单元能量包括体积变形能、形状变形能以及岩梁弯曲变形能。已知弯曲弹性能与岩层的悬伸长度的五次方成正比,悬伸长度越大,积聚的能量越多,顶板断裂步距越大,弯曲弹性能占到总能量的 90% 以上,因此,顶板岩层破断前积聚的能量主要为弯曲弹性能。忽略岩体变形过程中的体积变形能、形状变形能,随着工作面的推进基本顶悬空面积增大,上覆岩层重力作用于基本顶,其储存的能量为上覆岩层重力所做的功。随着工作面的不断推进,采空区上覆低位岩层逐层破断依次垮落下沉,并在厚硬关键层底部逐渐形成离层空间,由于厚硬关键层厚度大、强度高,短时间内无法达到其极限跨距而形成悬顶结构,随着采空范围进一步增加,当关键层悬露尺寸达到其极限跨距时,便具备发生破断的条件。覆岩破裂大致按照一定角度向上扩展,厚硬关键层与煤层间距可能较大,不能单纯将工作面斜长视为厚硬关键层的悬空尺寸。厚硬关键层初次和周期破断悬空跨度与采空区宽度的关系,如图 4-6 所示。

岩层初次(周期)破断的弹性能来源于挠曲过程中外力做功,近似为:

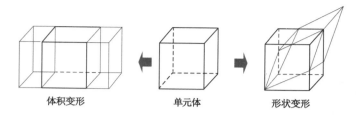

图 4-5 岩体单元受力变形方式

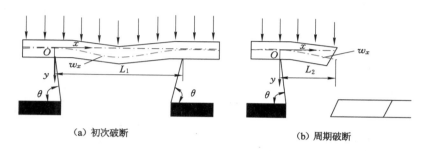

图 4-6 厚硬关键层弯曲弹性能计算分析示意

$$U = \int_0^L q' w_x \mathrm{d}x \tag{4-10}$$

式中 q'——岩层自重和上覆岩层附加载荷的单位长度折算载荷；

$\quad\quad L$——岩层的悬伸长度；

$\quad\quad w_x$——厚硬关键层及其上覆岩层在重力下所产生的挠曲变形量。

厚硬关键层初次和周期破断条件下 w_x 表达式：

$$w_x = \begin{cases} \dfrac{q'bx}{24EI}(2l^2 - l^3 - x^3) & （初次破断） \\[2mm] \dfrac{q'bx}{24EI}(4lx - 6l^2 - x^2) & （周期破断） \end{cases} \tag{4-11}$$

式中 E——梁的弹性模量；

$\quad\quad I$——梁的惯性矩，$I = bh^3/12$；

$\quad\quad h$——关键层的厚度；

$\quad\quad b$——梁的宽度。

假设 L_1、L_2 分别为厚硬关键层初次和周期破断步距，将式(4-11)代入式(4-10)并积分，得到厚硬关键层悬顶结构破断时释放的弹性能：

$$U = \frac{q'^2 L_1^5 b}{48Eh^3} \text{ 或 } U = \frac{3q'^2 L_2^5 b}{2Eh^3} \tag{4-12}$$

当开采条件无较大变化且无其他外界扰动时，载荷 q' 与巨厚关键层的参数 E、h 不变，影响厚硬关键层能量储存的关键参数为梁的宽度 b 和破断步距 L，破断步距 L 与积累的能量呈指数关系，是能量积聚的关键性因素。b 往往与工作面设计(或者采空区)宽度以及关键层力学参数和赋存特征密切相关。不同采场条件下厚硬关键层积聚的弹性能相差较大，因此，厚硬关键层破断诱发矿震的能量与产生的动力响应存在明显的差异。

地面质点的安全(允许)振动速度取值较为复杂,可以通过对采场地面周围最重要或最敏感建(构)筑物的综合分析得到,主要依据实验测试结果及《爆破安全规程》(GB 6722—2014)所规定的质点振动速度确定,主要参数见表4-4。

表4-4 震动效应

质点振动速度 v/(mm/s)	震 动 效 应
<1	人难以感觉到
1	人可以感觉到的微弱震动
5	使人产生不舒适感,有震感(土窑洞、土坯房、毛石房屋安全振动速度)
10	使人扰动不安,有明显震感
30	使人有较强的震感(工业和商业建筑物安全振动速度)
50	一般民用居住建筑的安全震动极限
100	钢筋混凝土结构、隧道支护结构的安全震动极限
140	使岩石介质产生裂缝,旧裂缝扩张
190	一般民用建筑严重开裂、破坏
300	无支护隧道内岩石震动脱落
600	使岩石形成新的裂缝

根据上述研究结果,对东滩煤矿六采区工作面回采时不同等级矿震的空间影响范围和平面影响范围进行估算,结果如表4-5所示。

表4-5 不同等级的矿震影响范围估算结果

震级 M_L	能量/J	明显震感(1 cm/s)	较强震感(3 cm/s)	民用建筑物破坏(5 cm/s)	备注
1.0	2.0×10^6	<200 m	<100 m	<100 m	空间距离
		<200 m	<100 m	<100 m	平面距离
2.0	6.3×10^7	1 177 m	394 m	236 m	空间距离
		1 175 m	316 m	200 m	平面距离
3.0	2.0×10^9	6 633 m	2 223 m	1 333 m	空间距离
		6 656 m	2 234 m	1 334 m	平面距离
4.0	6.3×10^{10}	37 229 m	12 474 m	7 483 m	空间距离
		37 256 m	12 499 m	7 506 m	平面距离

4.5 矿震对井下涌水的影响

矿震往往伴随着基岩塌陷、地表下沉等现象,从而对给地下水系统造成严重的破坏。故研究矿震对井下涌水的影响极为重要。井下涌水不但影响矿井正常生产,有时还会造成人员伤亡,淹没矿井和采区,危害十分严重。总结矿井涌水对煤矿安全生产的影响如下:

(1) 造成顶板淋水,巷道和老采空区积水,从而使工作面及其附近巷道空气潮湿,工作环境恶化。

（2）排水费用增加，生产效率降低，开采成本提高。

（3）导致井下各种生产设备、设施腐蚀和锈蚀，使用寿命缩减。

（4）突然发生大量涌水时，轻则造成生产环境恶劣或局部停产，重则直接危及工人生命和造成财产损失。

（5）影响煤炭资源的回收和煤炭质量。

（6）引起瓦斯爆炸或硫化氢中毒。如果老采空区发生突水，则集中在老采空区内的瓦斯和硫化氢会随水而出。涌出的瓦斯若达到爆炸界限，遇到高温火源就会发生爆炸。人如果吸入了毒性很大的硫化氢，就会中毒身亡。

2020 年 7 月 12 日，古城煤矿 3315 工作面出水事件后至 7 月 14 日凌晨 0:36（拾震器被水淹失效），微震监测系统共监测到 3315 工作面区域微震事件 137 次，其中 10^4 J 以上微震事件 23 次，最大能量微震事件发生在 7 月 12 日 1:04，能量为 4.9×10^4 J，单个微震事件能量未达到预警值；工作面大量出水造成水位、水压下降，打破原有应力平衡状态，使得应力重新分布，微震事件频次明显增加，造成 7 月 12 日 3315 工作面区域微震总能量、频次预警，因工作面出水无法采取防治措施。2020 年 7 月 1 日至 14 日微震监测情况分别如图 4-7 和表 4-6 所示。

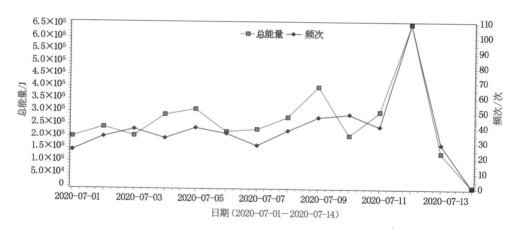

图 4-7　3315 工作面微震事件总能量、频次曲线

表 4-6　3315 工作面微震事件能量、频次统计结果

日期	频次/次	总能量/J	最大能量/J	日期	频次/次	总能量/J	最大能量/J
2020-07-01	25	1.98×10^5	4.1×10^4	2020-07-08	37	2.78×10^5	4.5×10^4
2020-07-02	34	2.39×10^5	3.7×10^4	2020-07-09	46	3.91×10^5	5.0×10^4
2020-07-03	39	2.06×10^5	2.4×10^4	2020-07-10	48	2.02×10^5	2.5×10^4
2020-07-04	35	2.92×10^5	5.5×10^4	2020-07-11	41	3.02×10^5	3.9×10^4
2020-07-05	39	3.11×10^5	3.3×10^4	2020-07-12	107	6.53×10^5	4.9×10^4
2020-07-06	37	2.26×10^5	3.8×10^4	2020-07-13	29	1.36×10^5	4.6×10^4
2020-07-07	27	2.20×10^5	4.1×10^4	2020-07-14	1	3.70×10^2	3.7×10^2

　　2020 年 7 月 13 日 4:10 与 4:38,在 3207 与 3208 工作面之间煤柱中发生两次大能量微震事件,事件能量分别为 $2.3×10^6$ J 和 $6.5×10^5$ J。7 月 11 日至 13 日微震事件分布情况分别如图 4-8 至图 4-11 所示。

图 4-8　7 月 11 日微震事件分布图

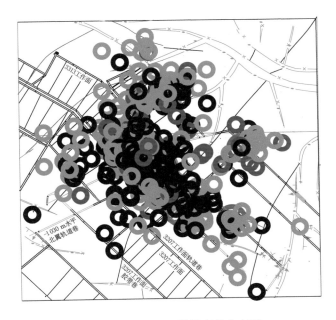

图 4-9　7 月 12 日微震事件分布图

　　由此可见,工作面微震事件能量与工作面涌水量存在正相关关系,两者变化趋势基本相同;在周期来压期间,工作面微震事件能量与涌水量变化幅度较大且变化趋势一致;同时,微

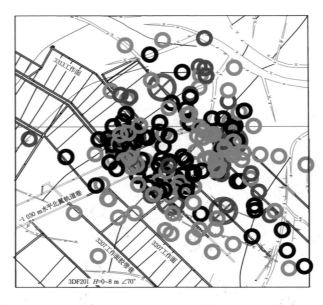

图 4-10　7 月 13 日微震事件分布图

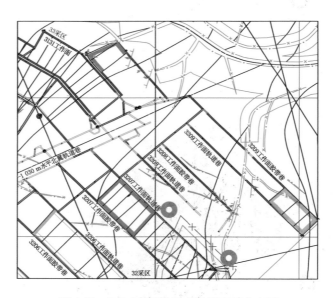

图 4-11　7 月 13 日微震大能量事件分布图

震事件与工作面涌水两者相互制约、相互协调。矿震在影响井下涌水量的同时,井下涌水也影响工作面岩体应力再分布。

4.6　本章小结

（1）垂直入射时震动波仅有透射部分能量穿过层面继续向前传播,应力波衰减。顺层传播的震动波,波阻抗相对均一,衰减程度较小。

（2）震动波在不同方向、不同岩层中传播情况各有所差异。波形频率、震动持续时间都受到不同程度的影响。

（3）不同类型的矿震对井下的影响不同，当矿震发生在采空区或高位岩层中时，对井下不会造成影响，只有声响和震动；当发生压缩型矿震时，在矿震能量较大时会对井下造成一定破坏；当发生冲击型矿震时，会对井下造成破坏。

（4）大部分矿震能量较小，且在震动波传播过程中能量衰减较快，对地表影响范围较小，一般不会造成地表塌陷。如果大部分采场上覆地表建筑物，如村庄或其他建筑物在开采前已搬迁，对地表的损害就较小。

（5）随着震源破裂尺度逐渐增加，矿震震动波能量的衰减幅度减小。同等条件下"线震源"和简化"球面震源"的震动能量的衰减幅度小于"点震源"，"线震源"在远距离处震动破坏效应大于"点震源"，实际采掘诱发的小尺度低能量震动（微震）衰减快。

（6）在推进速度为 $5 \sim 6$ m/d 的情况下，东滩煤矿最大矿震能量将达 3.0×10^6 J 以上，震级约为 $M_L 2.5 \sim 3.0$ 级，有感影响范围半径将达 $6 \sim 8$ km。但距工作面 336 m 外的民用建筑物不会破坏，目前地面建筑物距 $63_{上}03$ 工作面最近水平距离超过 900 m，因此 $63_{上}03$ 工作面回采期间可以保证地面建筑物的安全。

（7）工作面微震事件能量与工作面涌水量存在正相关关系，两者变化趋势基本相同；在周期来压期间，工作面微震事件能量与涌水量变化幅度较大且变化趋势一致；同时，微震事件与工作面涌水两者相互制约、相互协调。矿震在影响井下涌水量的同时，井下涌水也影响工作面岩体应力再分布。

5　矿震减震的方法

5.1　矿震监测

5.1.1　监测目的

通过矿震地面和井下监测,确定矿震的震中位置、震级、震源机制和震源物理特征;通过矿震与其他井下地质活动和地球物理量、地球化学量的联合监测,统计矿震与开采进度以及其他地球物理量、地球化学量之间的相关性,确定它们之间的内在关系。通过上述研究,找出矿震发生原因和物理机制,判断矿震活动的趋势,提出矿震灾害的防治对策,并探索矿震预测方法,为抢险救灾决策提供依据。

5.1.2　监测方法

5.1.2.1　理论分析法

理论分析法是指根据不同的矿震形成机理得出的预测方法,主要用在工程地质勘察或开拓设计阶段,通过在现场钻取煤岩样进行岩石力学实验,用一个或一组指标来分析矿震的可能性。理论分析法在矿震监测、预测方面具有一定的优越性,它能满足基本的预测目的,成本较低,能较好地模拟现场各种因素的影响。

5.1.2.2　现场实测法

现场实测法借助一些必要的仪器,对地下工程的现场或岩体直接进行监测或测试,来判别是否有发生矿震的可能。这种方法主要有如下几种:微震监测法、地震台网监测法等。

微震监测法是动态无损监测方法,根据连续监测记录的煤岩体内出现的动力现象预测矿震危险程度。它所依据的基本原理是岩体结构的危险破坏过程,是以超前出现的一系列物理现象为信息的。这些物理现象被视为动力破坏的前兆。

微震监测法通过对微震信号的分析,得到矿震发生的时刻、震源位置和震级,进而大大缩小防治的范围,能够节省大量的人力物力。微震监测法具有远距离、全矿区域、动态、三维、实时监测的特点,实现了矿震监测在空间和时间上的连续性。其站台位置固定,传感器无须随工作面推进。并且随着三向加速度传感器、先进的电子计算机和网络等的应用,微震监测定位系统已具有噪声低、响应快,监测结果易于理解、操作简便等特点,达到了智能化、自动化、可视化和网络化。

（1）微震监测系统

当前,我国许多冲击地压矿井采用微震监测系统监测矿震活动,但是由于传感器的频率相对较高,有些强矿震难以准确定位、记录。

(2)矿山地震监测系统

东滩煤矿以 KJ874 型矿山地震监测系统为基础进行矿山地震监测,可实时监测矿区范围内的天然地震和矿山开采造成的矿震、塌陷地震、爆破地震,可二维、三维可视化实时动态展示监测结果,可直观显示震源分布和震动变化趋势,可将各类震动监测系统获得的震源标定为通行震级,具备速报和震源机制分析功能,可为矿山动力灾害和地震灾害防治决策提供数据和技术支持,如图 5-1 所示。

(a)地面地震传感器　　(b)地面深井地震传感器　　(c)井下隔爆型地震传感器

图 5-1　KJ874 型矿山地震监测系统

KJ874 型矿山地震监测系统地震传感器包含地面、地面深井和井下隔爆型(GZC1)三种,符合国家地震监测设备标准,采用三分量短周期地震计和数据采集器一体化结构。地震计三分向一体,东西向、南北向、垂直向两两正交,配置高灵敏度的电磁换能器,应用电子反馈技术增加了动态范围,减少了非线性失真。数据采集器分辨率高、动态范围大、可输出低延迟实时数据流,支持大容量数据存储,具有数据采集、记录和网络数据服务等功能。

5.1.3　监测内容

(1)矿震的精确定位,在值班人员的初定位基础上,进一步改进定位精度,并和地理信息作相关分析,确定矿震发生主要部位的介质状况。

(2)利用矿震事件波形反演得到的震源机制解,确定矿震破裂的运动过程和震源力学特征。

(3)通过加卸载响应比分析,研究事件多发区介质状态,进行危险性分析。

(4)通过矿震序列分析,研究矿震活动规律和前兆特征。

(5)利用矿震矩张量反演,分析矿震破裂过程和断层运动学特征参数。

(6)利用矿震的物理分析与相应物理场的相关分析,寻找矿震发生与应力状态的关系。

(7)寻找强矿震发生前的前兆物理量,并探讨矿震预测的方法和途径。

5.1.4　监测结果分析应用

5.1.4.1　井上下联合布置矿震测点监测

建立微震监测定位系统的首要问题是微震监测分站的选址和空间优化布置,应使各个台站尽可能接收到微震信号,减少随机误差,以提高定位精度。

（1）微震监测分站的选址

微震监测分站的选址应结合被监测矿区的具体情况有针对性地勘选。选址的基本原则如下:各个微震传感器台基应围绕监测区域;台基应选择在无风化、无破碎夹层,完整、大面积出露的基岩上;岩性要致密坚硬,如花岗岩、辉绿岩、石英砂岩或灰岩等,不宜在风口、滑坡、卵石和砂土层上选择台基;台址的地势起伏要小,若台基不得不选在起伏较大的地带,则应尽可能选在低处;分站应设在地动噪声水平较低的地方,干扰区域微震传感器台基四周应挖出一定深度的隔离槽。

（2）微震监测分站选址的空间优化布置

微震监测定位系统的监测分站还需要进行空间优化布置。其目的是在构成微震信号进入观测站的时间、观测站的空间坐标以及弹性波在给定介质中的传播速度等组成的线性方程组时,微震观测站的空间优化布置能使得线性方程组解的条件较好,即观测数据足够小的误差不至于使方程组的解产生较大的误差。因此,台址在满足选址基本原则的前提下,不排除为了优化布置的需要更改位置的可能。

（3）微震监测定位系统的避雷

采取的避雷措施如下:

① 外部防范措施。根据系统的实际情况,在分站架设避雷针。

② 内部防范措施。内部防范主要是对雷电波侵入和雷电感应过电压的防范。采用UPS不间断电源和浪涌保护器。

③ 系统的接地装置。系统的各设备（包括网络、UPS不间断电源和浪涌保护器等）都需要接地。每个设备的接地应以单独的接地线与接地干线相连接,不可以在一个接地线中串接几个需要接地的设备。

5.1.4.2 地表沉降观测

地表的移动变形是煤层开采上覆岩体结构受力形变演化的综合反映,煤层开采引起上覆岩层垮落、断裂、离层、弯曲以至地表形成塌陷盆地。然而,特殊的岩层往往能造成更大的能量瞬间释放,形成强冲击性破坏,同时造成地表出现非连续性移动变形。

一般离层是由采动覆岩不协调法向垂直运动而产生的。当岩层运动附加应力超过岩层顺层节理弱面的黏结强度时,弱面被拉开,形成离层空隙。离层开始发育时,其上覆岩层逐渐开始下沉,当离层发育到一定程度时,关键层由于其岩性特征必然发生破断。巨厚岩层在断裂之前,在垂直方向上的下沉量并不大,造成巨厚岩层下方的离层量巨大,从而为巨厚岩层的运动提供了巨大空间。

当工作面推进距离达到一定值,即巨厚岩层自重大于其拉应力时,巨厚岩层必将断裂。一旦离层空间达到巨厚岩层的断裂跨距,巨厚岩层就产生运动,且必将产生巨大的震动载荷,而该震动载荷传播至工作面附近时,使煤岩体瞬间产生很大的应力增量,在采场或巷道原有应力场的基础上,震动载荷与煤岩系统的稳态应力场叠加,极易造成工作面周围煤岩体发生严重的冲击破坏。巨厚岩层的突然破断,使破断之处上方地表产生非连续性移动变形,同时造成其下方工作面周围煤岩体的能量瞬间释放。

若煤系上覆岩层整体性好、强度大,则煤层开采后,地表除产生明显的连续性变形（地表下沉盆地）外,还会出现严重的非连续性变形,即地表下沉盆地外边界出现明显的斑裂现象。

地表斑裂是华丰井田巨厚砾岩下开采出现的典型非连续变形破坏形式,其地表移动变形的主要特征有:

(1) 根据观测,井田采动地表水平拉伸变形值大于 1.2 mm/m 时地表会产生斑裂现象,较大的斑裂均位于地表水平变形较大的位置;一般工作面推进 300~400 m 时,在地表下沉盆地外侧开始出现开裂现象,地表斑裂方向与煤层走向大致平行;当工作面向下延续时,原斑裂处在压缩变形区,其裂缝又慢慢闭合,并被黄土充填;一般每隔 60~80 m 在地表出现一条裂缝,其延展方位为 100°~105°,沿走向大致连续,斑裂缝与工作面下巷的连线与水平线间的外夹角为 64°~68°;随着井下沿走向开采尺寸的加大,斑裂的宽度和深度也逐渐扩大,斑裂最宽可达 1.5~3.0 m,深度可达 50~70 m。

(2) 地表移动变形出现了明显的集中与滞缓现象。地表下沉速度的变化较大,地表移动变形的集中与迟缓是矿井采动覆岩内部离层运动的集中反映。地表移动变形的集中与滞缓现象,以井下工作面每推进一定距离为周期交替出现,反映了砾岩底部离层带空隙在此尺寸范围内的发展与闭合运动。覆岩沉陷运动过程中,裂缝带之上弯曲带内岩层沿层面(巨厚坚硬砾岩与软弱岩层红层之间)产生了离层空隙,随着开采的进行离层范围持续发展,当离层范围大于砾岩体折断步距时,砾岩底部会突然垮断,同时地表变形加剧,出现斑裂现象。

(3) 观测结果表明,矿井上覆巨厚砾岩层的运动是发生冲击地压的主要力源。矿震发生与地表下沉速度具有对应关系,当地表下沉速度突然增大时,对应的采煤工作面矿震发生次数明显增多,地表下沉速度剧烈变化处冲击地压发生频次较高。地表下沉速度变化趋势客观上反映了砾岩运动的阶段性变化特征,即变化强度由弱渐强,矿震频次从低到高。

(4) 地表的强烈反弹暗示砾岩运动强度不断加大。地表下沉速度剧烈变化处,冲击地压发生频率较高,往往在地表下沉速度剧烈变化之前或之后数天发生。一般情况下,提前或滞后 20 d 左右的可能性较大,占 70% 左右。地表下沉速度的反弹处更为危险,常伴有震级较大的冲击地压发生;反弹变化越大,则震级越大,如 1996 年 4 月 29 日对应地表下沉速度的反弹发生了 M_L 2.9 级强震。统计表明,反弹处发生 M_L 2.0 级以上强震的比例为 50%。地表下沉、反弹与冲击地压的发生具有某种对应关系,当地表下沉速度急剧变化,下沉与反弹频繁交替时,井下冲击地压发生次数多、能量大,尤其是在地表出现反弹现象时井下极易发生严重的冲击地压灾害。根据这一现象,可以将地表反弹作为预测预报冲击地压的辅助方法。

5.1.4.3　地震台网监测

地震台网监测利用地震发生最初时发射出来的无破坏性的地震波(纵波),而破坏性的地震波(横波)由于传播速度相对较慢会延后 10~30 s 到达地表。深入地下的地震探测仪器检测到纵波(P 波)后传给计算机,即刻计算出震级、烈度、震源、震中位置,预警系统抢先在横波(S 波)到达地面前 10~30 s 通过电视和广播发出警报。并且由于电磁波比地震波传播得更快,预警有可能赶在 P 波之前到达。当地震发生后,离震中最近的几个预警台站会陆续接收到地震信号,触发地震参数快速判测系统。在收到信号的几秒至十几秒内,快速判测系统将估算出地震的发震时刻、发震位置、震源类型和震级;然后利用这些参数模拟出相关区域内地面运动的强烈程度;根据模拟结果,抢在相应地震波到达之前向不同地区发出相应的预警信息。地震台网是由各级地震台、站所构成的观测网络。地震台网按所控制震级分为微震台网和强震台网;按监视范围分为全球地震台网、国家地震台网和区域地震台网;

按台站仪器设置分为长周期地震台网和短周期地震台网;按信息记录方式还可分为模拟地震台网和数字地震台网等。地震台网内观测数据由各台站定时发往地震数据处理及分析预报中心,中心负责数据的收集、整理、编辑和储存以及对数据的综合分析研究。为记录不同震级和距离的地震,一般要设置短、中长和长周期地震仪;相应的记录器也要有大、中、小的振幅类型,才能获得适合分析的真实的记录。

5.2 开采布局优化

煤层开采顺序及方向、隔离煤柱宽度、工作面布置、工作面开采顺序、工作面面长、顶板关键层以及接近采空区、煤柱、断层情况等方面均影响红层破断从而诱发矿震。

5.2.1 煤层开采顺序及方向

煤层群开采,其正确的开采顺序与煤层冲击倾向性、煤层群的保护层开采等紧密相关。第一个开采的煤层应该是能够卸压的煤层,而且没有冲击倾向性或为弱冲击倾向性的。另外,在开采保护层时,应考虑煤层之间的间距、顶底板岩性、采空区处理方式等,这些因素决定保护层的卸压方式和卸压程度。

卸压减冲结构中的保护层开采之后,会在实体煤岩层中形成一定的采空空间,工作面上覆顶板岩层垮落移动,形成垮落带、裂缝带、弯曲带。采空区顶板岩体的垮落,引起地层应力向周围的实体煤岩转移,周围的岩层和煤层也在高应力作用下向自由空间变形和移动,并在采空区顶板上方形成自然冒落拱,从而使上覆岩体的自重应力及构造应力传递给采空区以外的煤岩体。也即,保护层的开采对其周围的岩层及煤层产生较大的采动影响,并在采空区上下方的一定岩层内产生卸压作用,导致该岩层内岩体的应力及位移状态均发生较大程度的变化,应力降低,变形增大,煤岩体的完整性遭到破坏,由此削弱了冲击地压发生的地质条件,丧失了诱发冲击地压等动力灾害的可能性及危险性。

保护层的开采,导致围岩产生变形、断裂、离层并向已采空间位移。根据保护层开采对煤岩实体的扰动影响程度和特征,可以将应力在走向或者倾向上划分为四个应力带,即正常应力带、支承压力带、卸压带及应力恢复带,并且这四种应力分布形式随着保护层工作面的推进而同向移动,并逐步对被保护层造成不同程度的影响,如图 5-2 所示。

因此,保护层开采后,对被保护层而言,保护层起到了"降压、减震、吸能"的作用,这就是保护层开采的防冲原理。即

(1)降压:保护层开采后,在被保护的范围内,应力和支承压力降低。

(2)减震:保护层开采后,上覆岩层结构发生了破坏。在被保护层开采时,上覆岩层的破断和滑移范围大幅度降低,上覆岩层破断和滑移释放的能量也大幅度降低,从而起到了减震的作用。

(3)吸能:保护层开采后形成的垮落带和裂缝带破坏了岩层的结构,导致震动波传播的衰减值数增大,从而起到了吸收震动能量的作用。

对于兖州矿区而言,即可先开采 $3_上$ 煤层,相当于形成保护层,以保证下面煤层的安全开采。

通常情况下,冲击震源产生的冲击震动波沿震源附近岩层向巷道自由空间传播,震动波能量遵从 $E=E_0 e^{-\eta}$ 的衰减关系,而震动波在不同强度、完整性、松散度和孔隙率等介质中传播时

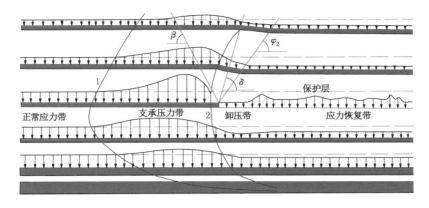

φ_2—充分移动角；β—边界角；δ—断裂角；1—应力升高区边界线；2—卸压带边界线。

图 5-2　保护层开采卸压带示意

其能量衰减指数 η 是不同的,在这些物性参数指标趋向劣化的介质中能量衰减指数 η 较大,而在这些物性参数指标趋向良性时能量衰减指数 η 较小。若选择先开采 $3_\perp$ 煤层,$3_\perp$ 煤层上覆岩层变形、破断(主要指直接顶和基本顶),煤岩体中产生大量的裂隙,煤岩结构和属性改变,释放了潜在的大量弹性能。开采 $3_\perp$ 煤层后,实际上是人为形成了一个弱化区,红层的冲击震动波若经过这个弱化区,能量衰减指数 η 增大,震动波在其中容易大量频散,同时内摩擦和热传导现象显著增强,吸收了大量的弹性震动波,使冲击震动能量得以极大地衰减,实现了对震动波的消波吸能作用,减弱了对 $3_\top$ 煤层巷道和工作面的冲击效应,缓解了开采和治理压力。

5.2.2　工作面开采顺序

　　同一煤层工作面回采时,应从高到低顺序开采,保证合理的开采顺序。煤层的开采方向应根据具体的开采布置及设计来确定。但有一条,在同一开采区域,工作面应向同一方向推进。同样,两个矿井相邻的两个采区,其推进方向也应一致。煤层开采时,禁止留下残采区和孤岛煤柱,应统一规划采区。区段工作面的开采采用从上到下,或者从下到上的一个方向进行。对于向斜轴部,区段工作面的开采应从轴部最低的部位向上推进,以最大限度地避免应力集中区。因为煤柱承受的压力很高,特别是孤岛型或半孤岛型煤柱,要承受几个方面的叠加应力,最容易产生冲击地压。理论和实践表明,当工作面两侧采空时,其在回采过程中冲击地压发生的次数显著增多。在孤岛煤柱的情况下,由于三边均为采空区,开采时释放的震动能量是很大的。

5.2.3　隔离煤柱宽度

　　从防冲的角度来讲,煤柱越窄对防冲越有利,因为窄煤柱中的煤体几乎会全部被"压酥",其内部不存在弹性核,也就不会存储大量的弹性能,所以发生冲击的危险性就小。但区段煤柱的宽度也不能随意留设,煤柱太小,受两侧顶板拉应力的作用易破碎坍塌,起不到保护巷道的作用。或者留设大煤柱,煤柱宽度至少在 50 m 以上,但这样留设煤柱,煤炭资源损失太严重。因此,新设计工作面区段煤柱留设宽度以 3~5 m 为宜。

5.2.4　工作面面长

　　研究表明,采煤工作面和采空区的大小对冲击地压的影响是非常大的。对于一个新采区的第一个工作面来说,由于两边都是实体煤,其顶板处于四边固支状态。当顶板初次断裂后形成三边固支状态,这种状态下,工作面的压力是最小的,冲击地压危险性也是最小的。

对于同一采区的第二、第三个工作面,当采空区的宽度之和还没有完全影响到地表时,根据岩层移动理论,此时,采空区的宽度之和 S 一般小于 0.4 倍的开采深度,即

$$S < 0.4H \tag{5-1}$$

此时,工作面周围煤岩体内的应力逐步增加。

当采空区的宽度之和达到完全影响到地表的程度时,即

$$S = 0.4H \tag{5-2}$$

此时,由于上覆岩层的充分移动,在煤系中,震动释放的能量是最大的,即冲击地压危险性最大。

当采煤工作面继续开采,采空区宽度之和继续增加时,即

$$S > 0.4H \tag{5-3}$$

在这种情况下,由于上覆岩层的移动处于平衡状态,震动释放的能量将处于某一水平。

由上述分析可知,工作面面长对冲击地压危险程度的影响主要是在采空区宽度之和 $S>0.4H$ 的条件下。此时,采煤工作面的一边为采空区,另一边为实体煤。从工作面边缘到采空区形成一个直角,在这部分煤体上,工作面前方移动应力集中区和采空区边缘煤体上的应力集中区相互叠加,形成很高的应力集中现象,而且在工作面推进过程中,这种现象一直存在。

研究表明:

(1) 应力峰值处距采空区边缘 10～20 m。

(2) 上述直角区的应力集中影响范围为 40～50 m。

(3) 当工作面面长大于 50 m 以后,直角对应力集中程度不会产生影响,而且对动力现象的发生也不会产生影响。在这种情况下,加大工作面面长对防治冲击地压是有利的。

5.2.5 工作面开切眼位置

当工作面开切眼外错时,在接近相邻工作面开切眼位置的临空区处,受双向的应力叠加影响,冲击危险性显著升高,因此布置工作面开切眼时尽量采取内错或平齐方案。

5.2.6 工作面停采线位置

对工作面停采线位置的优化和对工作面开切眼位置的优化原理基本相同,当本工作面为一侧采空或者两侧采空时,应使本工作面停采线与相邻工作面停采线内错或平齐,这样可以避免造成应力集中,降低工作面回采过程中的冲击危险性。

5.2.7 工作面布置与推进

工作面布置要利于破坏红层稳定结构,由红层厚向薄的方向推采。开采冲击地压煤层时,在应力集中区内不得布置 2 个工作面同时进行采掘作业。2 个掘进工作面之间的距离小于 150 m 时,采煤工作面与掘进工作面之间的距离小于 350 m 时,2 个采煤工作面之间的距离小于 500 m 时,必须停止其中一个工作面,确保两个采煤工作面之间、采煤工作面与掘进工作面之间、两个掘进工作面之间留有足够的间距,以避免应力叠加导致冲击地压的发生。相邻矿井、相邻采区之间应当避免开采相互影响。停采 3 d 及以上的冲击地压危险采

掘工作面恢复生产前,防冲专业人员应当根据钻屑法、应力监测法或微震监测法等检测监测情况对工作面冲击地压危险程度进行评价,并采取相应的安全措施。

5.2.8　接近采空区、煤柱、断层情况

在一些情况下,特别是开采孤岛煤柱时,工作面需要向采空区、煤柱或断层方向推进。在这种情况下,需要具体分析冲击地压危险状态,并采取相应的防治措施。在工作面将要接近上述区域时,应预先采取卸压措施,在采动支承压力到达之前使其卸压。

5.2.9　顶板关键层

在顶板岩层中,如果存在坚硬、厚的关键层,则在该岩层中很容易积聚大量的弹性能。当其断裂、运动时,积聚的能量就会突然释放,产生大量的高能量矿震,可能会诱发冲击地压。当关键层距煤层的距离减小时,矿震危险会大幅度增加。

5.3　低位岩层深孔预裂

坚硬岩层往往难以随采随垮,易在采空区形成悬顶。预裂爆破可以使上位坚硬厚岩层产生大量裂隙和破碎(图 5-3),即在待采煤层隔离煤柱一侧的老采空区内,对采空区顶板内厚层坚硬顶板进行预裂,用以削弱上位厚层坚硬岩层在采空区侧与工作面煤壁实体煤侧之间的连续性,减小厚层坚硬岩层断裂时产生的应力集中,以减弱或消除冲击地压危害,具体表现为增加岩石的碎胀系数和增大震动波的能量衰减指数。

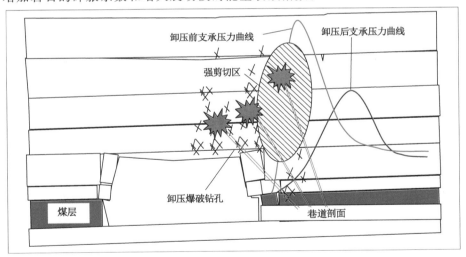

图 5-3　预裂爆破卸压走向剖面示意

5.3.1　增加岩石碎胀系数

岩石破碎后杂乱堆积,岩石的总体力学特征类似于散体。岩石的碎胀性是指岩石破碎散乱后堆积的体积比破碎前整体状态下增大的特性,一般用碎胀系数 K_p 表示。由于岩层破碎后体积将产生膨胀,因此直接顶垮落后,堆积的高度要大于直接顶原来的高度。影响碎

胀系数 K_p 的重要因素是岩石破碎后的块度及排列状态。例如,坚硬岩层成大块破断且排列整齐,因而碎胀系数较小;若岩石破碎后块度较小且排列较乱,则碎胀系数较大。岩石破碎后,在其自重及外加载荷的作用下渐趋压实,碎胀系数变小,压实后的高度将取决于岩体的残余碎胀系数。

若直接顶岩层的垮落高度为 $\sum h$,则垮落后堆积的高度为 $K_p \sum h$,它与基本顶之间可能留下的空隙 $\Delta = \sum h + M - K_p \sum h = M - \sum h(K_p - 1)$。当 $M = \sum h(K_p - 1)$ 时,$\Delta = 0$,即垮落的直接顶将充满采空区。此时顶板下沉量较小,常可忽略不计。因此,增加岩石碎胀系数对工作面顶板管理有重要意义。

5.3.2 增大震动波能量衰减指数

实验测试表明,矿震能量随传播距离增大呈乘幂关系衰减,初始衰减速度很快,到一定距离后衰减幅度减小。另外,能量衰减指数和岩体的完整性密切相关。破碎岩体的震动波能量衰减指数明显增大,即破碎岩体能够有效吸收震动波的能量,减少传递至工作面的剩余能量,从而降低冲击地压危险性。

5.4 高位关键层顶板高压水力预裂

5.4.1 关键层水力预裂作用

（1）降低关键层完整性

关键层水力预裂通过定向水力压裂技术,采用跨式膨胀性封孔器对压裂段进行封闭,利用高压水对封闭段进行压裂,对关键层不同位置岩体进行压裂,生成多条裂纹,最终形成裂纹网络,从而降低关键层的完整性,增大能量衰减指数。

（2）减少矿震能量

关键层水力预裂可降低岩体的完整性,增加岩体内部裂隙发育程度,增大能量衰减指数 η。关键层水力预裂后,震动波在岩体中更容易大量频散,同时内摩擦和热传导现象显著增强,吸收了大量的弹性震动波,使冲击震动能量得以极大地衰减,实现了对震动波的消波吸能作用,从而达到降低震动风险的目的。

5.4.2 现场实践案例

5.4.2.1 $63_{上}03$ 工作面生产概况

$63_{上}03$ 工作面为六采区第三个工作面,南侧为已回采的 $63_{上}04$ 工作面、$63_{上}05$ 工作面,北侧为实体煤,埋深在 700 m 左右。$63_{上}03$ 工作面走向长度为 1 192 m,面长为 245 m,平均煤厚为 5.2 m,自 2018 年 11 月 20 日开始回采,至 2019 年 2 月 7 日推进 223 m,发生有感矿震 7 次。

根据矿井微震监测及工作面地层情况,工作面矿震发生的主要关键层位有三层,第一层为距 $3_{上}$煤 15～50 m 的砂岩互层,第二层为距 $3_{上}$煤约 80 m 的厚 8～15 m 的中细砂岩,第三层为距 $3_{上}$煤约 120 m 以上的巨厚红层。$63_{上}03$ 工作面东 34 钻孔柱状图如图 5-4 所示。

煤岩层厚度/m	累计厚度/m	煤岩名称	煤岩心柱状
167.2	第三关键层（红层）580.50	无心	
5.76	586.26	泥质细砂岩	
14.39	600.65	砂泥岩互层	
7.84	608.49	粉细砂岩互层	
9.66	618.15	泥质中砂岩	
7.99	第二关键层 626.14	中细砂岩	
12.86	639.00	黏土岩	
9.90	648.90	粉砂岩	
5.10	654.00	粉细砂岩互层	
9.54	第一关键层 663.54	中粒砂岩	
3.54	667.08	黏土岩	
6.20	673.28	细砂岩	
13.30	686.58	粗砂岩	
3.86	690.44	黏土岩	
8.19	698.63	粉砂岩	
4.97	703.60	$3_{上}$煤	

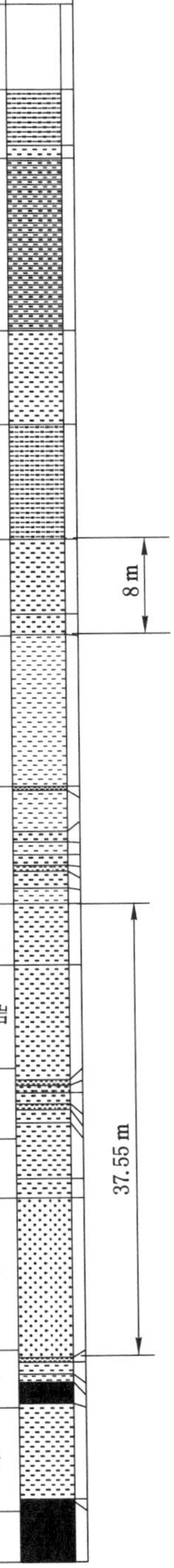

图 5-4 $63_{上}03$ 工作面东 34 钻孔柱状图

5.4.2.2 工程实施情况

在 $63_{\pm}03$ 工作面运输巷联巷以里 45 m 处设置钻场,从 2019 年 4 月 6 日开孔施工,至 9 月 10 日,成功施工完成定向钻孔 4 个,完成压裂 28 段。其中,$1^{\#}$ 钻孔施工层位为距煤层约 170 m 以上的红层(第三关键层位),$2^{\#}$、$3^{\#}$、$4^{\#}$ 钻孔施工层位为距煤层上方约 35 m 的砂岩 互层(第一关键层位),施工钻孔总长度为 3 085 m,成孔长度为 2 509 m。图 5-5 所示为 $63_{\pm}03$ 工作面顶板水力压裂钻孔布置平面图。

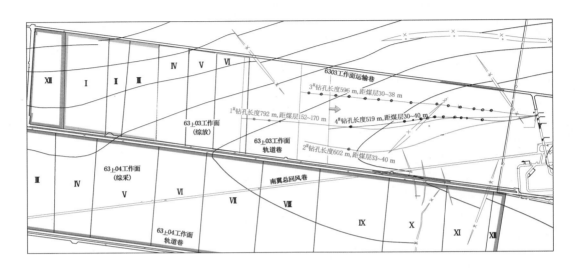

图 5-5　$63_{\pm}03$ 工作面顶板水力压裂钻孔布置平面图

5.4.2.3 $63_{\pm}03$ 工作面水力压裂效果分析

利用三分量频率谐振探测技术对东滩煤矿 $63_{\pm}03$ 工作面钻孔压裂范围进行了监测,监测范围为 $1^{\#}$ 钻孔、$3^{\#}$ 钻孔压裂区域,通过分析监测数据,综合评价高位坚硬顶板水力压裂效果。

(1) $1^{\#}$ 钻孔压裂区域监测情况

① $1^{\#}$ 钻孔检波点布置

$1^{\#}$ 钻孔压裂前测区 460 m×100 m 廊带展布,检波点距 20 m,单次布设检波点 24 列 6 行,共 144 个点,如图 5-6 所示。因 $1^{\#}$ 钻孔仅完成前约 100 m 孔段的压裂作业,在水力压裂后进行数据采集时仅对 160 m×100 m 廊带部署采集点,检波点距 20 m,单次布设检波点 9 列 6 行,共 54 个点。

② $1^{\#}$ 钻孔压裂效果分析

通过监测分析,6 条测线第 1 压裂段均有不同程度压开,第 3 压裂段 6 号测线未压开,其余测线均有不同程度压开,第 1 压裂段压开孔长 10～100 m、宽 20～65 m,第 3 压裂段压开孔长 10～80 m、宽 5～40 m,如图 5-7、图 5-8 和表 5-1 所示。

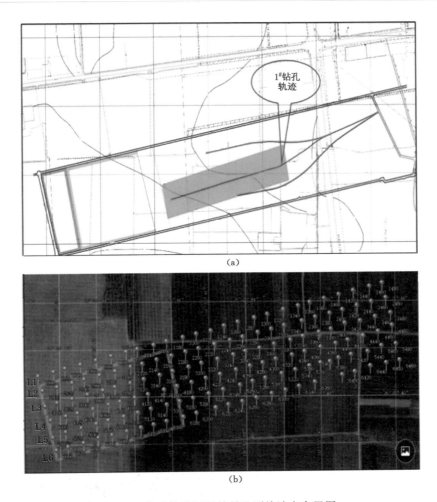

图 5-6　1# 钻孔压裂效果监测检波点布置图

表 5-1　1# 钻孔压裂压开效果

压开孔号	测线名	压开有效高度/m	压开有效宽度/m	平面展布方向	平面有效长度/m	平面有效宽度/m
1	L1	＜15	10～20	近南北向	10～100	20～65
	L2	＜15	10～40			
	L3	＜20	10～65			
	L4	＜15	10～20			
	L5	＜20	10～30			
	L6	＜15	10～20			
3	L1	＜15	10～20	近南北向	10～80	5～40
	L2	＜15	10～15			
	L3	＜20	10～40			
	L4	＜15	5～10			
	L5	＜15	10～20			
	L6	—	—			

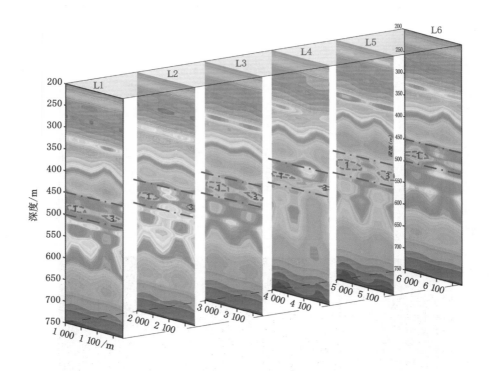

图 5-7　1#钻孔压裂后 L1—L6 测线效果分析图

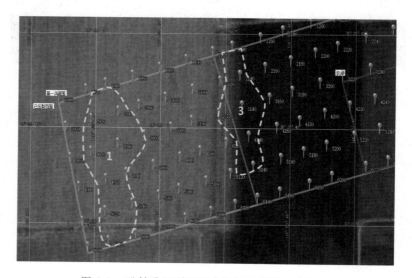

图 5-8　1#钻孔压裂压开参数及效果平面分析图

（2）3#钻孔压裂区域监测情况

① 3#钻孔检波点布置

对 3#钻孔在水力压裂后的数据采集点进行了合理布设，形成 520 m×100 m 廊带部署，布设检波点距 20 m，单次布设检波点 27 列 6 行，共 162 个，如图 5-9 所示。单点采集时长不少于 1 h,采样率 10 Ms/s。

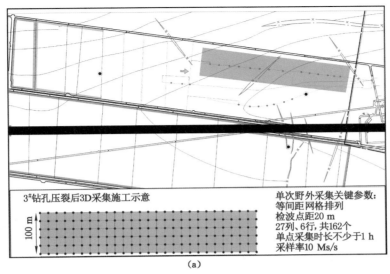

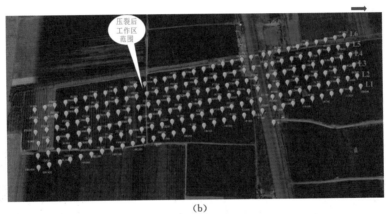

图 5-9　3[#]钻孔压裂效果监测检波点布置图

② 3[#]钻孔压裂效果分析

3[#]钻孔压裂后的目标层段在 6 条测线上地球物理特征均表现为视波阻抗异常低值,反映了地层压裂以后的空间变化特征。压裂段轨迹投影到压裂效果剖面上的结果显示(图 5-10),14 个压裂段在 6 条测线上显示为压裂后均连片成洞,压裂效果较好,但是在440～460 m 之间压裂效果有点不明显,分析认为原因是受繁忙公路两边测点影响,接收到的能量过强,导致压裂显示低波阻抗区在第 8 压裂段处不连续,如图 5-11 所示。

第 1—14 压裂段压开的平面范围展布方向为近东西向,平面有效长度为 450 m 左右,且中间有 80 m 左右显示不明显,平面有效宽度大于 100 m。3[#]钻孔压裂压开效果如表 5-2所示。

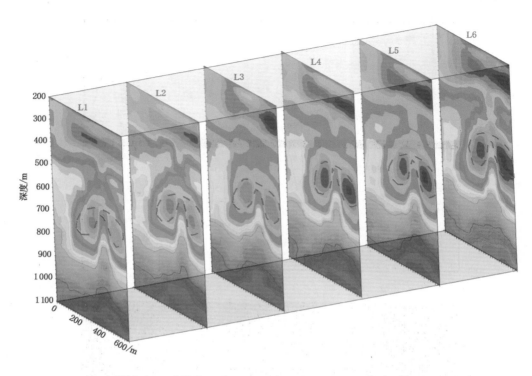

图 5-10 3# 钻孔压裂后 L1—L6 测线纵向切片效果分析图

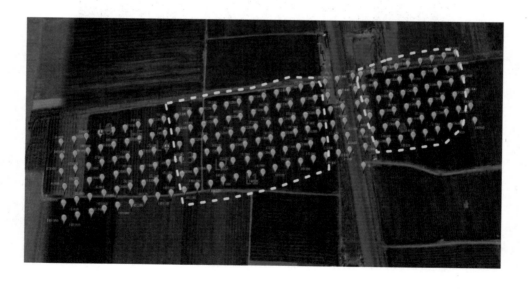

图 5-11 3# 钻孔压裂压开效果平面分析图

表 5-2　3# 钻孔压裂压开效果

压开孔号	测线名	压开有效高度/m	压开有效宽度/m	平面展布方向	平面有效长度/m	平面有效宽度/m
1—14	L1	40 左右	450 左右(中间有 80 m 左右显示不明显)	近东西向	450(中间有 80 m 左右显示不明显)	>100
	L2	40 左右	450 左右(中间有 80 m 左右显示不明显)			
	L3	50 左右	460 左右(中间有 80 m 左右显示不明显)			
	L4	60 左右	470 左右(中间有 80 m 左右显示不明显)			
	L5	60 左右	470 左右(中间有 80 m 左右显示不明显)			
	L6	60 左右	475 左右(中间有 80 m 左右显示不明显)			

5.4.3　63上03 工作面水力压裂效果现场监测验证

5.4.3.1　工作面 2020 年 4 月 11 日—7 月 12 日大能量事件数量

自 4 月 7 日发生一次 M_L2.0 级矿震后,63上03 工作面每天推进度不大于 2.3 m。4 月 11 日—6 月 13 日期间推进速度均控制在不大于 2.3 m/d,仅 5 月 6 日发生一次 1.84×10^5 J 矿震事件。

6 月 14 日后,工作面距 1# 钻孔 30 m,进入压裂影响区域,工作面每天推进 3 m。6 月 28 日后,工作面推进速度增加为 3.75 m/d。7 月 9 日工作面发生一次 6.95×10^4 J 矿震事件,工作面推过 1# 钻孔孔底约 42 m。

63上03 工作面每日震动最大能量与推进速度如图 5-12 和表 5-3 所示。

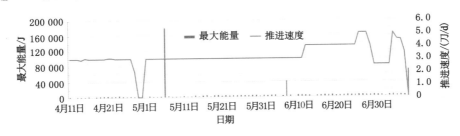

图 5-12　63上03 工作面推进速度与每日震动最大能量曲线

表 5-3 63上03 工作面推进速度与每日震动最大能量统计结果

序号	日期	稳定天数/d	推进速度/(刀/d)	最大能量	
				发生日期	能量/J
1	4 月 11 日—6 月 11 日	62	3	5 月 6 日	1.8×10^5
2	6 月 12 日—6 月 25 日	14	4	未发生 5.0×10^3 J 以上震动	
3	6 月 26 日—7 月 9 日	15	5	7 月 9 日	6.95×10^4

由图 5-12 和表 5-3 统计数据可以看出,东滩煤矿 63上03 工作面通过水力压裂和控制推进速度,大能量震动事件明显减少,并且 7 月 9 日发生的矿震原因主要是工作面运输巷侧过 LF_{36} 断层时顶板破碎,为控制顶板,运输巷侧推进速度高于轨道巷侧,从而造成工作面两巷推进不均,同时该工作面仍处于二次见方影响区域,煤层上方关键层运动仍处于活跃期。

5.4.3.2 相邻工作面同区域开采时矿震数量对比

63上03 工作面自 2019 年 4 月 7 日矿震后推进距离为 267 m,范围为距开切眼 350～617 m。对应的 63上05 工作面开采范围为距开切眼 701～968 m,其开采时间为 2018 年 1 月 7 日—3 月 14 日。表 5-4 为两个工作面开采期间在日均震动次数、日均震动能量、10^5 J 及以上震动事件次数、日均 10^5 J 以下震动事件次数。对比结果表明:63上03 工作面采取限速及水力压裂措施后矿震频次及强度大大降低。

表 5-4 63上03 和 63上05 工作面相同开采区域震动参数统计结果

工作面名称	对 比 参 数			
	日均震动能量/J	日均震动次数/次	10^5 J 及以上震动事件次数/次	日均 10^5 J 以下震动事件次数/次
63上03 工作面	12 947.944 2	4.6	2	4.57
63上05 工作面	818 306.849 3	20.5	271	16.45

5.4.3.3 地面中低位关键层水力预裂

（1）工程概况

63上06 综采工作面位于南翼六采区中部,北邻 63上05 工作面采空区,南邻 63上07 工作面。工作面运输巷与轨道巷间距为 266.2 m(巷中距),走向长度为 1 456.3 m。根据工程需要在 63上06 工作面部署了六口直井,井号为 D6306-1—D6306-6。图 5-13 所示为 6 个地面直井的布置位置。

（2）钻井施工情况

D6306-1 钻井,深度为 540 m,直径为 311.15 mm,平面位置距离 63上06 工作面开切眼 120 m,共压裂三段。于 2020 年 1 月 14 日开始压裂实验,于 17 日完成压裂。

D6306-2 钻井,深度为 570 m,共压裂四段。于 2020 年 1 月 18 日开始压裂实验,于 20 日完成压裂。

D6306-3 钻井,深度为 561 m,共压裂三段。于 2020 年 4 月 4 日开始压裂实验,于 6 日完成压裂。

D6306-4 钻井,深度为 580 m,共压裂三段。于 2020 年 4 月 9 日开始压裂实验,于 10 日

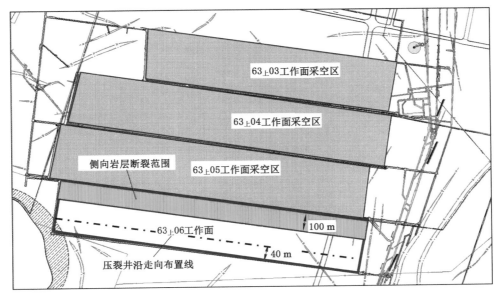

（a）压裂井沿走向布置线

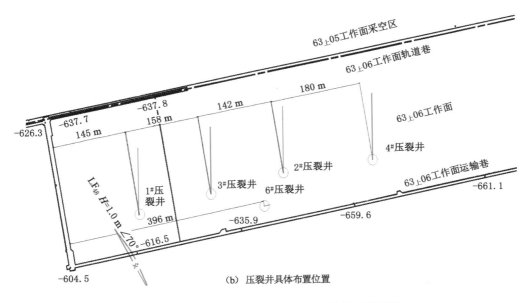

（b）压裂井具体布置位置

图 5-13　63$_{上}$06 工作面 1$^{\#}$—6$^{\#}$ 压裂井布置平面图

完成压裂。

D6306-5 钻井,深度为 476 m,共压裂两段。于 2020 年 5 月 20 日开始压裂实验,于 27 日完成压裂。

D6306-6 钻井,深度为 567 m,共压裂两段。于 2020 年 7 月 19 日开始压裂实验,于 27 日完成压裂。

（3）钻井压裂过程及压裂曲线

① D6306-1 钻井,压裂第一层位 240~320 m,第二层位 340~410 m,第三层位 420~530 m。图 5-14 至图 5-16 所示为三段压裂油管压力和排量曲线。

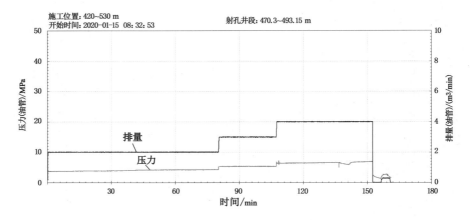

图 5-14　D6306-1 井第一段压裂曲线

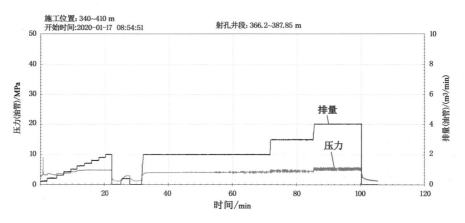

图 5-15　D6306-1 井第二段压裂曲线

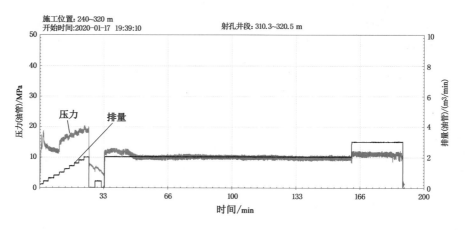

图 5-16　D6306-1 井第三段压裂曲线

② D6306-2 钻井,压裂第一层位 225～290 m,第二层位 347～420 m,第三层位 440～480 m,第四层位 492～570 m。图 5-17 至图 5-20 所示为四段压裂油管压力和排量曲线。

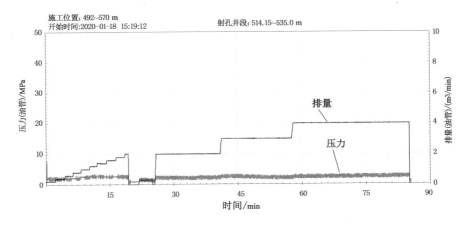

图 5-17　D6306-2 井第一段压裂曲线

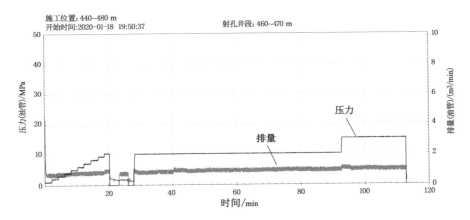

图 5-18　D6306-2 井第二段压裂曲线

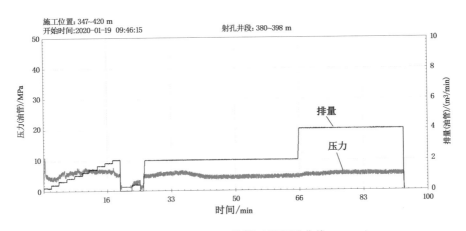

图 5-19　D6306-2 井第三段压裂曲线

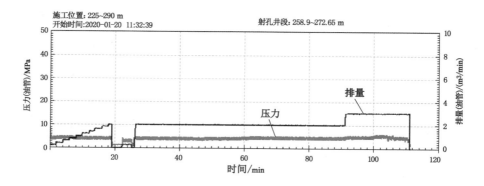

图 5-20　D6306-2 井第四段压裂曲线

③ D6306-3 钻井,压裂第一层位 416~560 m,第二层位 330~412 m,第三层位 260~330 m。图 5-21 至图 5-23 所示为三段压裂曲线。

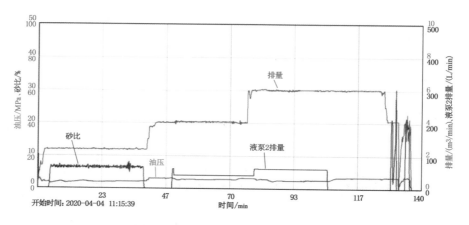

图 5-21　D6306-3 井第一段压裂曲线

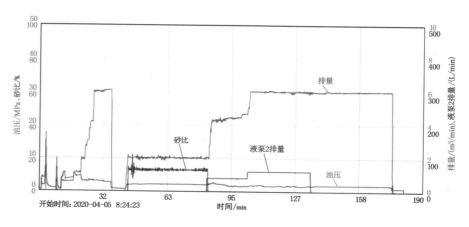

图 5-22　D6306-3 井第二段压裂曲线

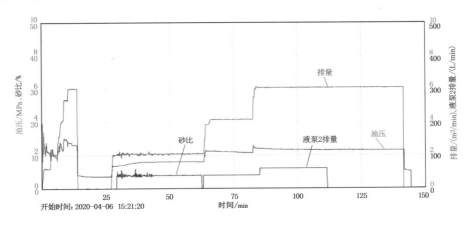

图 5-23　D6306-3 井第三段压裂曲线

④ D6306-4 钻井,压裂第一层位 417~580 m,第二层位 307~417 m,第三层位 160~295 m。图 5-24 至图 5-26 所示为三段压裂曲线。

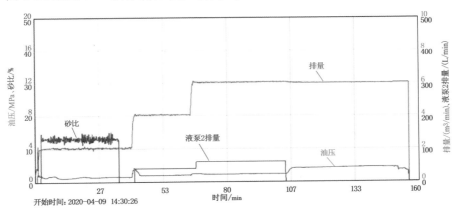

图 5-24　D6306-4 井第一段压裂曲线

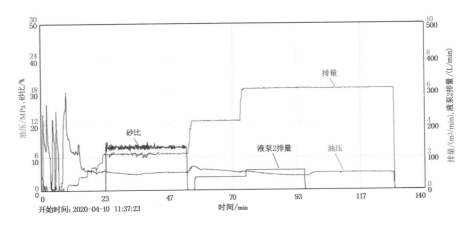

图 5-25　D6306-4 井第二段压裂曲线

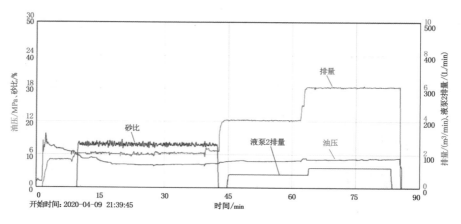

开始时间: 2020-04-09 21:39:45

图 5-26　D6306-4 井第三段压裂曲线

⑤ D6306-5 钻井,压裂第一层位 467.9～575.55 m,第二层位 321.25～463.45 m。图 5-27 和图 5-28 所示为两段压裂曲线。

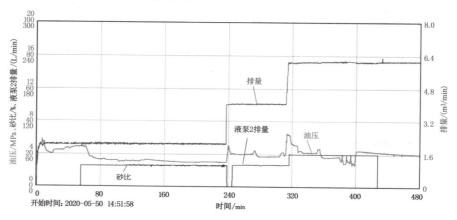

开始时间: 2020-05-50 14:51:58

图 5-27　D6306-5 井第一段压裂曲线

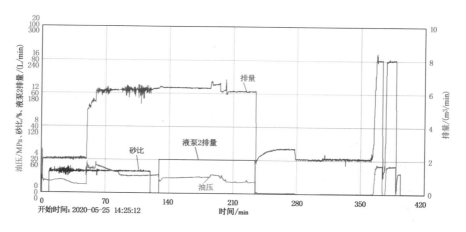

开始时间: 2020-05-25 14:25:12

图 5-28　D6306-5 井第二段压裂曲线

⑥ D6306-6 钻井,压裂第一层位 520～620 m,第二层位 420～520 m,第二层位 400～420 m。图 5-29 和图 5-30 所示为第一段、第三段压裂曲线。第二段压裂第一次施工因加不上压力而失败,无压裂曲线。

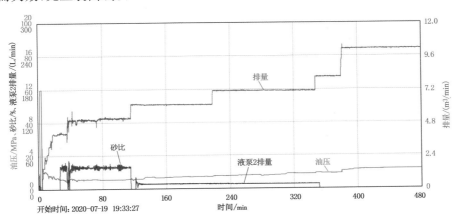

图 5-29　D6306-6 井第一段压裂曲线

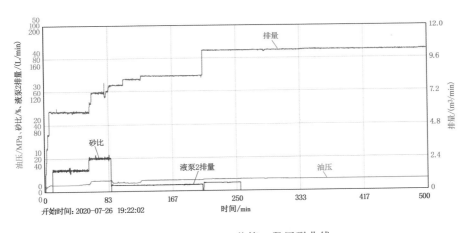

图 5-30　D6306-6 井第三段压裂曲线

（4）钻井压裂微震监测结果分析

① D6306-1 钻井

根据压裂结果,第一、二、三层压裂地层破裂压力分别为 13.1 MPa、12.8 MPa 和 22.1 MPa,地层抗拉强度分别为 4.5 MPa、5 MPa 和 9 MPa。地层较软导致压裂产生的震动事件能量较小,微震信号信噪比较低。由于微震监测系统接收到的有效微震事件数量较少,因此将三层微震事件进行叠加投影,如图 5-31 所示。

根据 1# 压裂井压裂期间的微震事件平面投影,得出主裂缝半径约为 109.7 m,长度为 219 m,方位角为北东 143°,次生裂缝半径约为 63 m,长度为 126 m,裂缝端点距 63上05 工作面采空区约 106.5 m,裂缝延伸长度与距相邻采空区的距离基本符合预期目标,如图 5-32 所示。

② D6306-2 钻井

2# 压裂井压裂期间通过增加井下检波器数量,监测效果较好,如图 5-33 所示。根据

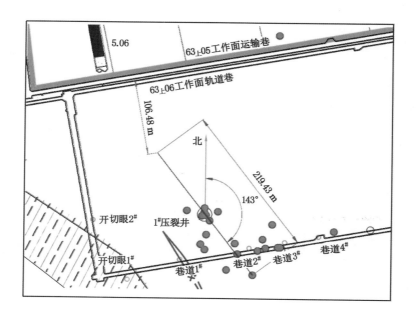

图 5-31　1#压裂井压裂期间微震事件投影图

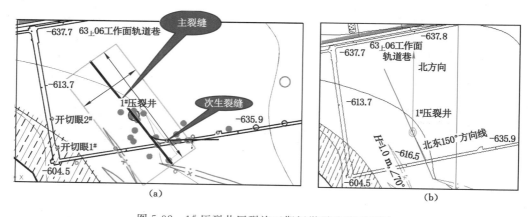

图 5-32　1#压裂井压裂施工期间微震监测平面图

2#压裂井压裂期间的微震事件平面投影,得出主裂缝半径约为 120 m,长度为 240 m,方位角为北东 145°,次生裂缝半径约为 55 m,长度为 110 m,整体裂缝高度约为 344.35 m,裂缝端点距离采空区约 80 m。根据 2#压裂井压裂期间的微震事件剖面投影,微震事件分布的高度在 −213.8～−558.15 m,裂缝高度达 344.35 m,基本实现了对预定地层的全厚压裂。

③ D6306-3 钻井

将三段压裂数据进行综合分析与处理,制作的综合能量云图与剖面能量云图如图 5-34 和图 5-35 所示。综合解释可得,主裂缝长度为 300 m,方位角为北东 147°,次生裂缝长度为 207 m,裂缝在垂直方向上主要分布于 −490～−190 m 之间。

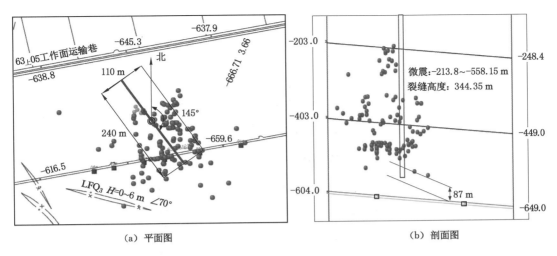

（a）平面图　　　　　　　　　　（b）剖面图

图 5-33　2# 压裂井压裂施工期间微震监测平、剖面图

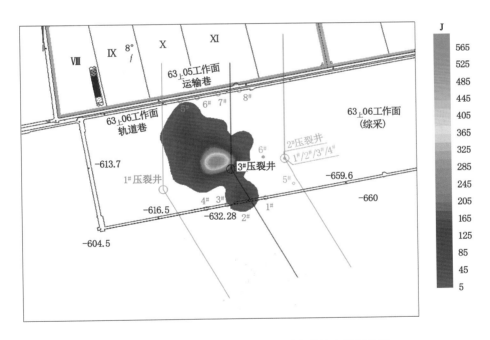

图 5-34　第一、二、三段压裂微震监测事件综合能量云图

图 5-36 至图 5-38 所示为三段压裂产生的裂缝监测结果。

第一段解释结论：裂缝有效高度范围为 444～530 m，裂缝高度为 86 m。

第二段解释结论：裂缝有效高度范围为 323～415 m，裂缝高度为 92 m。

第三段解释结论：裂缝有效高度范围为 275～354 m，裂缝高度为 79 m。

D6306-3 井解释结果显示：a. 该井三段压裂过程产生的主裂缝方位均为东南-西北向，只有第一段在北东 220° 有次生裂缝产生，这间接说明该段最大最小水平主应力差偏小，压

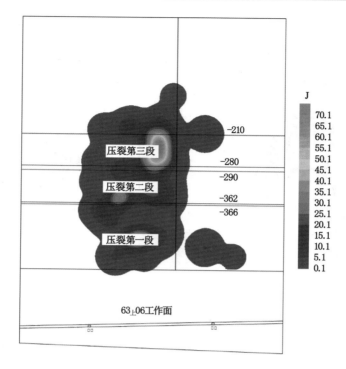

图 5-35　第一、二、三段压裂微震监测事件主裂缝方向剖面能量云图

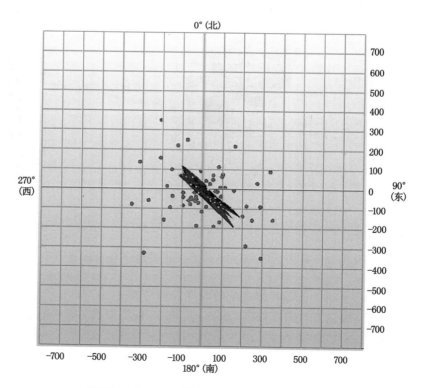

图 5-36　D6306-3 井第一段压裂裂缝方位拟合图

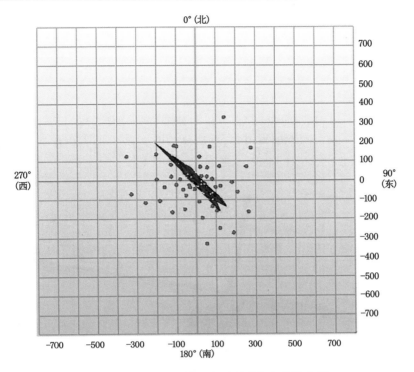

图 5-37　D6306-3 井第二段压裂裂缝方位拟合图

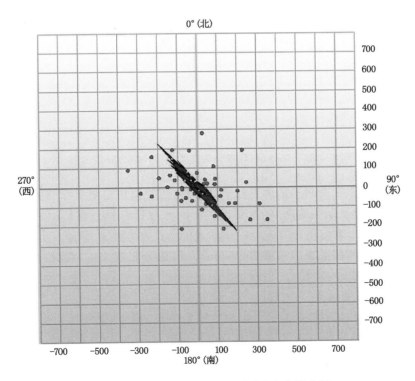

图 5-38　D6306-3 井第三段压裂裂缝方位拟合图

裂施工时可能形成了网状裂缝;b.该井三段压裂造缝效果明显,三段裂缝向两翼扩展相对均匀,各层产生的裂缝长度分别为 221 m(第一段)、241 m(第二段)和 233 m(第三段);c.该井三段压裂过程裂缝高度为 79～92 m,对比各段射孔数据可知三段裂缝上下延伸相对均匀,缝高控制较好。

④ D6306-4 钻井

将第二、第三段的压裂数据进行综合分析与处理,制作的综合能量云图与剖面能量云图如图 5-39 和图 5-40 所示。综合解释可得,主裂缝长度为 270 m,方位角为北东 150°,裂缝在垂直方向上主要分布于−400～−200 m 之间。

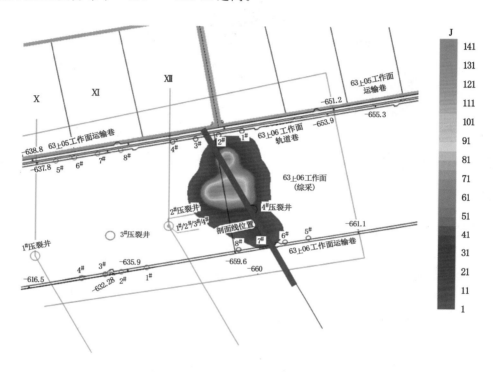

图 5-39　第二、三段压裂微震监测事件综合能量云图

根据 4# 压裂井压裂期间的微震事件平面投影,压裂微震监测解释的结果共同揭示了水力压裂可在井下形成复杂裂缝网络,这对于矿震的治理具有积极意义。第二段压裂形成的主裂缝长度为 200 m,方位角为北东 149°,裂缝在垂直方向上主要分布于−400～−300 m 之间;第三段压裂形成的主裂缝长度为 270 m,方位角为北东 150°,裂缝在垂直方向上主要分布于−315～−200 m 之间。

(5)钻井压裂效果验证

截至 2020 年 6 月 28 日,63上06 工作面已安全推进 281 m,其间发生 6 次 M_L 2.0 级以上矿震。图 5-41 所示为六采区工作面推进距离与累计矿震频次关系曲线,可知,63上06 工作面当前矿震发生规律与已采 6304 工作面相近。

东滩煤矿 63上06 工作面地面施工的 1#—6# 压裂井覆盖了工作面自开切眼以外 625 m 范围,但压裂井施工时考虑压裂液水害防治,煤层上方尚有 120 m 左右完整岩层未压裂,工作

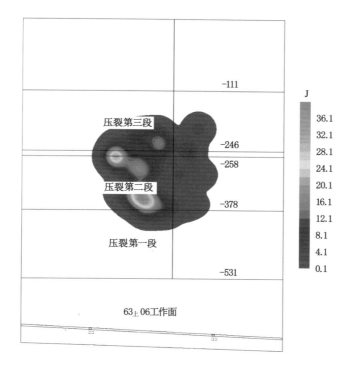

图 5-40　第二、三段压裂微震监测事件主裂缝方向剖面能量云图

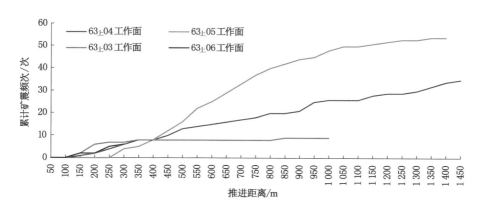

图 5-41　六采区工作面推进距离与累计矿震频次(M_L 2.0 级以上)关系曲线

面初采期间发生的多次大能量矿震事件均为完整岩层破断或相邻采空区岩层二次运动引起的。$63_上06$ 工作面自 2020 年 7 月 6 日至 2020 年 8 月 4 日(推进 300～360 m)未发生 M_L 2.0 级以上大能量矿震事件,其主要原因是随着工作面开采范围扩大,顶板破裂高度逐渐增加(150～200 m),但顶板破裂的层位已被地面钻井压裂($3^#$压裂井附近),因此岩层运动产生的能量和矿震震级大幅降低。但工作面目前推进距离较小,压裂工程的整体效果尚需要工作面推进 500～600 m(双工作面见方)后才可进行准确评价。

　　由于压裂后地层破碎,不能储存较大能量,应力稍有累积就会以矿震的形式释放出来,因此工作面后期开采矿震频次相对增多,但震级不会过大,不会造成地面和井下危害。

5.5 提高采掘空间的抗震能力

5.5.1 提高工作面和巷道的支护强度

冲击地压具有突发性和强大的破坏性,冲击地压发生时,巷道表面围岩局部煤岩块瞬间从静止状态加速到几米每秒甚至十几米每秒的速度,产生很大的冲击动能,其作用在巷道支架上的冲击力,一般会达到或者超过支护结构的屈服强度,造成支护结构破坏。只有支护结构能瞬间先变形让压,同时仍然能够保持一定的抗力,在支护结构的最大变形范围内耗尽冲击地压释放的动能,才能保持支护系统和巷道的稳定。也就是说,冲击地压巷道破坏与常规巷道破坏的最大区别是破坏围岩体瞬间大变形,而且具有很高的动能,这就要求支护结构不仅能提供较大的静承载力,还能吸收围岩体突然释放的冲击能,具有抵御冲击动载的能力。防冲支护系统具备常规支护结构的所有功能,还具有较强的让压吸能特性,具体来说有以下几点:

① 支护系统有足够的预紧力和承载能力,即支护系统通过自身较大的支撑力或承载力能够提高静载下的支护强度,从而改善围岩受力状态,增加巷道冲击地压发生的临界深度和临界载荷,使支护系统与围岩不易达到冲击地压发生的临界条件。

② 支护结构具有较高的巷道表面覆盖率,因为冲击地压发生地点的不确定性,要求对巷道断面进行全封闭支护,冲击危险性高的区域,沿巷道轴向要进行密集强力支护。

③ 支护系统具有准静态的过载让压功能,即在巷道形成后的快速变形期以及围岩蠕变等情况下所受载荷过大时,能够进行准静态的变形让位,及时降低围岩压力,防止因过载而发生局部损伤或失稳破坏。

④ 支护系统能够协调变形,并具备一定的让位缓冲性能,即在突发较大的围岩冲击下,作用于支护系统上的冲击载荷一旦超过某一阈值时,支护系统自身局部或部分构件快速地变形破坏,吸收外来冲击能,实现支护系统整体的一个快速变形让位过程,从而消减围岩对支护系统的冲击载荷,保护支护系统不受损坏,最终支护系统还能够达到另一个稳定支护状态,进而避免整个支护体系的失效与破坏。

煤矿绝大多数冲击地压发生在巷道中,特别是超前支护段。巷道支护系统是阻挡冲击地压发生的最后一道屏障。目前,主要采用能量平衡法评估巷道的抗冲击能力,下面以南屯煤矿 $93_{\pm}21$ 工作面的轨道巷和运输巷为例进行抗冲击能力的计算验证。

(1) 评估巷道的地质条件

$93_{\pm}21$ 工作面初始面长为 116.9 m,推进约 270 m 后加架合茬,面长增加到 189.8 m,再推进约 346 m 后至设计停采线位置,总推进长度约为 616.3 m。工作面平均埋深约为 556 m,主采 $3_{\pm}$ 煤,$3_{\pm}$ 煤平均厚度为 4.94 m、平均倾角为 5°。工作面直接顶为粉砂岩,厚度为 0.38~5.0 m;基本顶为中砂岩,厚度为 5.4~16.04 m;直接底为细砂岩,厚度为 4.77~11.90 m;老底为粉砂岩,厚度为 1.3~7.67 m。

$93_{\pm}21$ 工作面轨道巷沿 $93_{\pm}10$、$93_{\pm}12$、$93_{\pm}14$ 工作面停采线位置布置,与 $93_{\pm}10$ 工作面采空区间留 4.2 m 宽煤柱,与 $93_{\pm}12$ 工作面采空区间留 3.7 m 宽煤柱,与 $93_{\pm}14$ 工作面采空区间留 4.1 m 宽煤柱。巷道沿 $3_{\pm}$ 煤层底板掘进,矩形断面,净高为 3.5 m,净宽为 4.8 m。

运输巷北段平行于 $93_{\pm}21$ 工作面轨道巷北段布置，与九采区三分区南部回风巷间留 9 m 宽煤柱；南段平行于 $93_{\pm}21$ 工作面轨道巷南段布置。巷道沿 $3_{\pm}$ 煤层底板掘进，矩形断面，净高为 3.3 m，净宽为 4.8 m。

（2）巷道的支护现状

① 轨道巷

顶板选用 $\phi22$ mm KMG500（顶煤厚度大于 2.0 m 时，锚杆长度为 3 000 mm；顶煤厚度小于或等于 2.0 m 时，锚杆长度为 2 400 mm）左旋无纵筋等强螺纹钢锚杆，帮部选用 $\phi20$ mm×3 000 mm 全螺纹金属锚杆。顶板锚杆每排布置 6 根，间距为 920 mm；帮部锚杆每排布置 5 根，间距为 900 mm。锚杆排距均为 900 mm。顶板和帮部均选用高强度低松弛预应力钢绞线锚索，尺寸分别为 $\phi22$ mm×6 000 mm 和 $\phi22$ mm×4 000 mm。顶板每排沿巷道中间两侧位置分别布置 1 根锚索，排距为 1 800 mm，间距为 1 500 mm。帮部每排布置 1 根 $\phi22$ mm×4 000 mm 锚索，替代靠肩部 1 根帮锚杆，排距为 2 700 mm。

② 运输巷

顶板选用 $\phi22$ mm KMG500（顶煤厚度大于 2.0 m 时，锚杆长度为 3 000 mm；顶煤厚度小于或等于 2.0 m 时，锚杆长度为 2 400 mm）左旋无纵筋等强螺纹钢锚杆，帮部选用 $\phi20$ mm×2 500 mm 全螺纹金属锚杆。顶板锚杆每排布置 6 根，间距为 920 mm；帮部锚杆每排布置 4 根，间距为 950 mm。锚杆排距均为 900 mm。顶板和帮部均选用高强度低松弛预应力钢绞线锚索，尺寸分别为 $\phi22$ mm×6 000 mm 和 $\phi22$ mm×4 000 mm。顶板每排沿巷道顶板中间两侧位置分别布置 1 根锚索，排距为 1 800 mm，间距为 1 600 mm。巷道两帮每排各布置 1 根 $\phi22$ mm×4 000 mm 锚索，布置于顶板向下第一根、第二根锚杆中间位置，相邻两排锚杆之间，排距为 2 700 mm。

根据 $93_{\pm}21$ 工作面巷道掘进动力显现特征，现行的巷道支护方式满足支护要求。

（3）巷道支护体系抗冲击能力评价及验证

① 震源能量

南屯煤矿 2018 年 1 月 1 日—2021 年 1 月 1 日监测到的微震最大能量为 $2.16×10^6$ J。取一定的安全系数，假设 $93_{\pm}21$ 工作面回采过程中微震最大能量为 $1.0×10^7$ J。

$93_{\pm}21$ 工作面煤层上方 23 m 处存在一层 18.84 m 厚的粉细砂岩，厚度大、强度高，为微震震源集中区域。考虑一定的定位误差，设定震源动载的衰减距离为 20～30 m。

② 动载能量衰减

a. 随传播距离衰减

微震能量按照乘幂关系衰减，其剩余能量 $U_f = U_i l^{-\eta}$。其中，U_f 为传播到采掘空间周围的能量；U_i 为震源释放的能量，取 $1.0×10^7$ J；l 为震源距采掘空间的距离，取 20～30 m；η 为能量衰减指数，根据矿井实际，η 取 1.14。

因此，考虑传播距离动载衰减后的能量 $U_f = 10\ 000×(20～30)^{-1.14} = 207～329$（kJ）。

b. 穿岩层接触面衰减

实验室研究发现，当震动波穿过岩层之间的接触面时，能量会急剧衰减；当震动波穿层经过 2 个岩层接触面时，能量衰减至初始能量的约 37%。考虑实验室岩样接触面和现场实际的差异，衰减后的能量取初始能量的 1/3。由于 $93_{\pm}21$ 工作面动载震源和煤层之间共有 6 个接触面，衰减后的能量取初始能量的 1/9，则衰减后的能量为：$(207～329)/27 = 7.7～12.2$（kJ）。

③ 巷道围岩系统能量

假设最不利情况,临空巷道附近应力达到煤体的单轴抗压强度,则其储存的能量为:

$$v_\varepsilon = \frac{1}{2E}\sigma_c^2 \qquad (5\text{-}4)$$

式中　v_ε——围岩储存的弹性能;

　　　E——煤体的弹性模量,取 10 GPa;

　　　σ_c——煤体单轴抗压强度,取 9.4 MPa。

则 $v_\varepsilon = [9.4 \times 10^6 \times 9.4 \times 10^6]/(2 \times 10 \times 10^9) = 4.42$(kJ)。

考虑动载衰减之后的能量输入,则巷道周围煤体中储存的总能量为:$(7.7 \sim 12.2) + 4.42 = 12.12 \sim 16.62$(kJ)。

④ 巷道围岩系统可承受的能量

冲击能量指数为煤岩体应力峰值前所集聚的弹性能与峰后所消耗的塑性能之比。南屯煤矿 $3_\pm$ 煤的冲击能量指数为 8.78,则煤体塑性破坏消耗后能够用于释放的能量为:$(12.12 \sim 16.62) \times (1 - 1/8.78) = 10.74 \sim 14.73$(kJ)。

⑤ 巷道支护系统的吸能

a. 轨道巷

每根锚杆拉断的吸能为 5 kJ,每根锚索拉断的吸能为 11.3 kJ。则巷道顶板锚索和锚杆吸收能量总和为:$6 \times 5 + 2 \times 11.3 = 52.6$(kJ);帮部吸收能量总和为:$5 \times 5 + 11.3 = 36.3$(kJ)。

由于巷道顶板存在顶煤,若以巷道顶板煤体为准,还必须考虑顶板煤体冲击过程中由于锚杆受拉延伸下滑而释放的势能,以锚杆的延伸率 20% 计算,2.4 m 长的锚杆极限位移超过 200 mm,煤层密度取 1.3×10^3 kg/m³,顶板煤体因冲击下滑释放的势能为:$E_s = mg\Delta hS = 1.3 \times 10^3 \times 9.8 \times 0.2 \times 4.8 \times 0.9 = 11$(kJ)。

则支护体系可吸收的能量为:$52.6 + 36.3 = 88.9$(kJ);而煤岩体可释放的能量为:$(10.74 \sim 14.73) + 11 = 21.74 \sim 25.73$(kJ)。支护体系可吸收能量大于煤岩体可释放能量,因此,轨道巷的支护体系满足防冲要求。

b. 运输巷

顶板锚杆和锚索吸收能量总和为:$6 \times 5 + 2 \times 11.3 = 52.6$(kJ);帮部吸收能量总和为:$5 \times 4 + 11.3 = 31.3$(kJ)。因此,支护体系可吸收的能量为:$52.6 + 31.3 = 83.9$(kJ)。顶板煤体因冲击下滑释放的势能为 11 kJ。则煤岩体可释放的能量为:$(10.74 \sim 14.73) + 11 = 21.74 \sim 25.73(kJ)< 83.9$ kJ。因此,运输巷的支护体系满足防冲要求。

⑥ 顶板预裂爆破巷道段抗冲击能力评价

根据实验室测试结果,岩样中裂隙将震动波的能量衰减指数提高近 10%。因此,考虑 $93_\pm 21$ 工作面两巷实施了深孔爆破断顶,震动波的能量衰减指数变为原来的 1.1 倍,则 $\eta = 1.1 \times 1.14 = 1.254$。

考虑传播距离与爆破断顶动载衰减后的能量 $U_f = 10\,000 \times (20 \sim 30)^{-1.254} = 140.5 \sim 233.62$(kJ)。则穿层衰减后的能量为:$(140.45 \sim 233.62)/27 = 5.2 \sim 8.65$(kJ)。

煤体塑性破坏消耗后可释放的能量为:$[(5.2 \sim 8.65) + 4.42] \times (1 - 1/8.78) = 8.52 \sim 11.58$(kJ),巷道支护体系可吸收的能量为 83.9 kJ。煤岩体可释放的能量为:$(8.52 \sim 11.58) + 11 = 19.52 \sim 22.58(kJ)< 83.9$ kJ。因此,爆破断顶区域巷道支护体系仍

满足防冲要求。

⑦ 沿空巷道抗冲击能力评估

若巷道处于沿空侧,由于相邻采空区岩层活动,则其矿压显现明显增强,相应的支护强度也需要提高。考虑最不利情况,沿空侧巷道动载最大能量增加约 4 倍,约为 1.0×10^7 J,根据前述计算,巷道支护体系可以抵抗该能级的矿震,但需要降低工作面推进速度,降低可能出现的强矿震风险。

另外,93$_\text{上}$21 工作面两巷 120 m 超前支护段,因采用超前液压支架和单元式液压支架加强支护,支护强度显著提高。超前液压支架单位面积可吸收能量为 241 kJ,远大于煤岩体可释放的能量,因此超前区域巷道支护强度满足防冲要求。

⑧ 现场验证

通过微震监测系统监测到 93$_\text{上}$21 工作面于 2020 年 12 月 13 日 16:55:54 发生 1 次能量为 2.2×10^6 J 的矿震事件,之后在 19:13:22 发生 1 次能量为 3.0×10^4 J 的矿震事件,在 21:59:30 又发生 1 次能量为 1.3×10^4 J 的矿震事件,所有矿震事件均发生在工作面两巷超前支护范围。矿震发生之后,现场检查发现两巷支护体系没有破坏,局部巷道产生较小变形,这说明巷道现有支护体系能够抵抗 2.2×10^6 J 的矿震事件。

5.5.2 煤层的卸压

在有冲击危险的煤柱煤壁一定宽度的条带内破坏煤体的结构,改变煤层的物理力学性质,使它不能集聚弹性能或达不到威胁安全生产的程度。这样在工作面前方煤体中能量衰减指数增大,形成了一条卸压保护带,在卸压带内,煤体承受的压力不断减小,产生降压作用,煤体产生膨胀变形,释放弹性能,隔绝了工作空间与处于煤层深处的高应力区,并且提高了发生冲击地压的最小能量水平,煤层发生冲击地压的可能性减小。目前,煤层主要采用大直径钻孔和爆破卸压。

大直径钻孔卸压原理如图 5-42 所示。

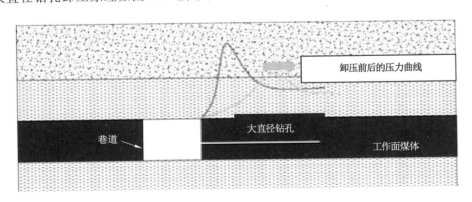

图 5-42 大直径钻孔卸压原理示意

爆破卸压原理如图 5-43 所示。

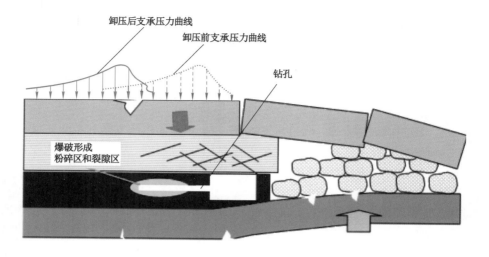

图 5-43　爆破卸压原理示意

5.6　本章小结

　　本章从矿震监测方法、优化开采布局、低位岩层深孔预裂、高位关键层顶板高压水力预裂以及提高采掘空间的抗震能力等五个方面对减震方法进行阐述。

　　矿震监测作为矿震减震方法的基础,可用以分析矿震发生原因及物理机制,判断矿震活动的趋势,为防治策略提供导向,是抢险救灾的根本依据。优化开采布局、低位岩层深孔预裂、高位关键层顶板高压水力预裂以及加强巷道支护均可以实现不同条件下的减震效果。

参 考 文 献

陈国祥,2009.最大水平应力对冲击矿压的作用机制及其应用研究[D].徐州:中国矿业大学.

成云海,姜福兴,程久龙,等,2006.关键层运动诱发矿震的微震探测初步研究[J].煤炭学报,31(3):273-277.

窦林名,何学秋,2001.冲击矿压防治理论与技术[M].徐州:中国矿业大学出版社.

窦林名,许家林,陆菜平,等,2004.离层注浆控制冲击矿压危险机理探讨[J].中国矿业大学学报,33(2):145-149.

窦林名,陆菜平,牟宗龙,等,2006.组合煤岩冲击倾向性特性试验研究[J].采矿与安全工程学报,23(1):43-46.

窦林名,姜耀东,曹安业,2017,等.煤矿冲击矿压动静载的"应力场-震动波场"监测预警技术[J].岩石力学与工程学报,36(4):803-811.

方建勤,颜荣贵,邓金灿,等,2004.高峰型矿震地压灾害与治理对策的研究[J].岩石力学与工程学报,23(11):1919-1923.

高明仕,窦林名,张农,等,2005.煤(矿)柱失稳冲击破坏的突变模型及其应用[J].中国矿业大学学报,34(4):433-437.

高明仕,2006.冲击矿压巷道围岩的强弱强结构控制机理研究[D].徐州:中国矿业大学.

巩思园,2010.矿震震动波波速层析成像原理及其预测煤矿冲击危险应用实践[D].徐州:中国矿业大学.

巩思园,窦林名,马小平,等,2010.提高煤矿微震定位精度的最优通道个数的选取[J].煤炭学报,35(12):2017-2021.

巩思园,窦林名,马小平,等,2012.提高煤矿微震定位精度的台网优化布置算法[J].岩石力学与工程学报,31(1):8-17.

谷新建,2003.用突变理论分析矿山冒落型地震机理[J].中国安全科学学报,13(10):8-10.

郭延华,乔趁,2017.基于突变理论的冲击地压危险性预测研究[J].煤炭工程,49(10):115-118.

何江,2013.煤矿采动动载对煤岩体的作用及诱冲机理研究[D].徐州:中国矿业大学.

贺虎,窦林名,巩思园,等,2011.高构造应力区矿震规律研究[J].中国矿业大学学报,40(1):7-13.

贺虎,2012.煤矿覆岩空间结构演化与诱冲机制研究[J].煤炭学报,37(7):1245-1246.

惠乃玲,刘耀权,杨明皓,等,1998.抚顺老虎台煤矿矿震震源机制的研究[J].地震地磁观测与研究,19(1):39-45,57.

姜福兴,2002.微震监测技术在矿井岩层破裂监测中的应用[J].岩土工程学报,24(2):

147-149.

姜福兴,2006.采场覆岩空间结构观点及其应用研究[J].采矿与安全工程学报,23(1):
　　30-33.

姜福兴,曲效成,于正兴,等,2011.冲击地压实时监测预警技术及发展趋势[J].煤炭科学技
　　术,39(2):59-64.

姜福兴,曲效成,倪兴华,等,2013.鲍店煤矿硬岩断裂型矿震的预测[J].煤炭学报,38(增刊2):
　　319-324.

姜福兴,姚顺利,魏全德,等,2015a.重复采动引发矿震的机理探讨及灾害控制[J].采矿与安
　　全工程学报,32(3):349-355.

姜福兴,姚顺利,魏全德,等,2015b.矿震诱发型冲击地压临场预警机制及应用研究[J].岩石
　　力学与工程学报,34(增1):3372-3380.

姜耀东,赵毅鑫,宋彦琦,等,2005.放炮震动诱发煤矿巷道动力失稳机理分析[J].岩石力学
　　与工程学报,24(17):3131-3136.

姜耀东,潘一山,姜福兴,等,2014.我国煤炭开采中的冲击地压机理和防治[J].煤炭学报,
　　39(2):205-213.

蒋金泉,张开智,2006.综放开采矿震的成因及防治对策[J].岩石力学与工程学报,
　　25(增1):3276-3282.

蒋金泉,张培鹏,聂礼生,等,2014.高位硬厚岩层破断规律及其动力响应分析[J].岩石力学
　　与工程学报,33(7):1366-1374.

李宝富,徐学锋,任永康,2014.巨厚砾岩作用下底板冲击地压诱发机理及过程[J].中国安全
　　生产科学技术,10(3):11-17.

李楠,李保林,陈栋,等,2017.冲击破坏过程微震波形多重分形及其时变响应特征[J].中国
　　矿业大学学报,46(5):1007-1013.

李世愚,和雪松,张少泉,等,2004.矿山地震监测技术的进展及最新成果[J].地球物理学进
　　展,19(4):853-859.

李希勇,陈尚本,张修峰,1997.保护层开采防治冲击地压的应用研究[J].煤矿开采,(2):
　　18-20,33.

李希勇,张修峰,2003.典型深部重大冲击地压事故原因分析及防治对策[J].煤炭科学技术,
　　31(2):15-17.

李新元,2000."围岩-煤体"系统失稳破坏及冲击地压预测的探讨[J].中国矿业大学学报,
　　29(6):633-636.

李玉,黄梅,张连城,等,1994.冲击地压防治中的分数维[J].岩土力学,15(4):34-38.

李玉,黄梅,廖国华,等,1995.冲击地压发生前微震活动时空变化的分形特征[J].北京科技
　　大学学报,17(1):10-13.

李玉生,1985.冲击地压机理及其初步应用[J].中国矿业学院学报,(3):42-48.

李振雷,窦林名,蔡武,等,2013.深部厚煤层断层煤柱型冲击矿压机制研究[J].岩石力学与
　　工程学报,32(2):333-342.

李志华,2009.采动影响下断层滑移诱发煤岩冲击机理研究[D].徐州:中国矿业大学.

梁冰,章梦涛,1997.矿震发生的粘滑失稳机理及其数值模拟[J].阜新矿业学院学报(自然科

学版),16(5):521-524.

刘大勇,宋建潮,王恩德,2007.基于双岩模式的抚顺煤田矿震成因机理探讨[J].地质灾害与环境保护,18(2):9-14.

刘少虹,李凤明,蓝航,等,2013.动静加载下煤的破坏特性及机制的试验研究[J].岩石力学与工程学报,32(增2):3749-3759.

刘洋,陆菜平,张修峰,等,2020.夹矸滑移型冲击地压机理[M].徐州:中国矿业大学出版社.

陆菜平,窦林名,曹安业,等,2008.深部高应力集中区域矿震活动规律研究[J].岩石力学与工程学报,27(11):2302-2308.

陆菜平,窦林名,郭晓强,等,2010.顶板岩层破断诱发矿震的频谱特征[J].岩石力学与工程学报,29(5):1017-1022.

陆菜平,张修峰,肖自义,等,2020.褶皱构造对深井采动应力演化的控制规律研究[J].煤炭科学技术,48(2):44-50.

马志峰,2002.陶庄煤矿矿震灾害与防治[J].灾害学,17(4):60-63.

毛仲玉,张修峰,赵培合,1995.联合长壁工作面冲击地压预测与防治对策[J].煤矿开采,(3):20-23.

毛仲玉,张修峰,1996.深部开采冲击地压治理的研究[J].煤矿开采,(3):39-43.

牟宗龙,2009.顶板岩层诱发冲击的冲能原理及其应用研究[J].中国矿业大学学报,38(1):149-150.

牟宗龙,巩思园,刘广建,等,2016.深部矿井冲击地压灾害防治研究[M].徐州:中国矿业大学出版社.

潘俊锋,宁宇,毛德兵,等,2012.煤矿开采冲击地压启动理论[J].岩石力学与工程学报,31(3):586-596.

潘一山,李忠华,章梦涛,2003.我国冲击地压分布、类型、机理及防治研究[J].岩石力学与工程学报,22(11):1844-1851.

潘一山,吕祥锋,李忠华,等,2011.高速冲击载荷作用下巷道动态破坏过程试验研究[J].岩土力学,32(5):1281-1286.

逄焕东,姜福兴,张兴民,2004.微地震监测技术在矿井灾害防治中的应用[J].金属矿山,(12):58-61.

齐庆新,刘天泉,史元伟,等,1995.冲击地压的摩擦滑动失稳机理[J].矿山压力与顶板管理,(3/4):174-177,200.

齐庆新,陈尚本,王怀新,等,2003.冲击地压、岩爆、矿震的关系及其数值模拟研究[J].岩石力学与工程学报,22(11):1852-1858.

齐庆新,窦林名,2008.冲击地压理论与技术[M].徐州:中国矿业大学出版社.

秦昊,2008.巷道围岩失稳机制及冲击矿压机理研究[D].徐州:中国矿业大学.

任振起,何武学,张连城,等,1997.矿山地震序列特征及其与天然地震活动的相关性分析[J].地震,17(3):265-270.

任振起,1999.北京门头沟矿震与大同—阳高地震的关系[J].山西地震,(3/4):35-38.

舒凌先,姜福兴,张修峰,2020.陕蒙接壤矿区深部富水工作面冲击地压机理与防治研究[M].北京:冶金工业出版社.

宋建潮,刘大勇,王恩德,等,2007.断层型矿震成因机理及预测方法研究[J].矿业工程,5(3):16-18.

童迎世,童敏,洪迅,2003.湖南矿山地震类型及特征分析[J].华南地震,23(3):49-56.

王利,张修峰,2009.巨厚覆岩下开采地表沉陷特征及其与采矿灾害的相关性[J].煤炭学报,34(8):1048-1051.

王平,姜福兴,冯增强,等,2011.高位厚硬顶板断裂与矿震预测的关系探讨[J].岩土工程学报,33(4):618-623.

谢和平,PARISEAU W G,1993.岩爆的分形特征和机理[J].岩石力学与工程学报,12(1):28-37.

徐方军,张修峰,王兆环,等,2004.冲击地压次数与震级关系研究[J].矿山压力与顶板管理,21(2):94-95.

徐林生,唐伯明,慕长春,等,2002.高地应力与岩爆有关问题的研究现状[J].公路交通技术,(4):48-51.

徐学锋,2011.煤层巷道底板冲击机理及其控制研究[D].徐州:中国矿业大学.

许江,唐晓军,李树春,等,2008.循环载荷作用下岩石声发射时空演化规律[J].重庆大学学报,31(6):672-676.

杨培举,何烨,郭卫彬,2013.采场上覆巨厚坚硬岩浆岩致灾机理与防控措施[J].煤炭学报,38(12):2106-2112.

尹光志,李贺,鲜学福,等,1994.煤岩体失稳的突变理论模型[J].重庆大学学报,17(1):23-28.

尹光志,鲜学福,金立平,等,1997.地应力对冲击地压的影响及冲击危险区域评价的研究[J].煤炭学报,22(2):132-137.

于永春,张修峰,2008.冲击矿压预测预报及综合防治新技术[J].煤矿开采,13(4):85-87.

袁亮,2017.煤炭精准开采科学构想[J].煤炭学报,42(1):1-7.

张华,姚宏,陈鑫,等,2014.矿震识别及成因研究进展[J].国际地震动态,44(3):4-12.

张辉,2013.煤矿微震监测系统高精度时间同步的实现[J].煤炭科学技术,41(增刊):300-302.

张晓春,卢爱红,王军强,2006.动力扰动导致巷道围岩层裂结构及冲击矿压的数值模拟[J].岩石力学与工程学报,25(增1):3110-3114.

张修峰,陆菜平,王超,等,2020.千米深井锯齿形断层煤柱群应力分布及微震活动规律[J].现代矿业,36(10):38-41.

张修峰,曲效成,魏全德,2021.冲击地压多维度多参量监控预警平台开发与应用[J].采矿与岩层控制工程学报,3(1):69-78.

章梦涛,1987.冲击地压失稳理论与数值模拟计算[J].岩石力学与工程学报,6(3):197-204.

章梦涛,徐曾和,潘一山,等,1991.冲击地压和突出的统一失稳理论[J].煤炭学报,16(4):48-53.

赵本钧,1995.冲击地压及其防治[M].北京:煤炭工业出版社.

赵向东,王育平,陈波,等,2003.微地震研究及在深部采动围岩监测中的应用[J].合肥工业大学学报(自然科学版),26(3):363-367.

周超,王富奇,姜福兴,等,2019.原岩应力和构造应力耦合型矿震发生机理研究[J].矿业研究与开发,39(11):43-46.

朱超,2012.微震实时在线监测系统的研究与实现[D].武汉:武汉科技大学.

邹德蕴,姜福兴,2004.煤岩体中储存能量与冲击地压孕育机理及预测方法的研究[J].煤炭学报,29(2):159-163.

左宇军,2005.动静组合加载下的岩石破坏特性研究[D].长沙:中南大学.

BIENIAWSKI Z T,1967. Mechanism of brittle fracture of rock:part Ⅱ:experimental studies[J]. International journal of rock mechanics and mining science & geomechanics abstracts,4(4): 395-430.

BIENIAWSKI Z T, DENKHAUS H G, VOGLER U W,1969. Failure of fractured rock[J]. International journal of rock mechanics and mining sciences & geomechanics abstracts,6(3): 323-341.

BRACE W F,1972. Laboratory studies of stick-slip and their application to earthquakes [J]. Tectonophysics,14(3/4):189-200.

BRADY B H G,BROWN E T,1981. Energy changes and stability in underground mining: design applications of boundary element methods[J]. Transactions of the institution of mining and metallurgy,section A:mining technology,90:61-68.

CHEN Y, XIE F H, ZHANG X F, et al,2021. Fault identification approach and its application for predicting coal and gas outbursts[J]. Arabian journal of geosciences, 14(8):1-15.

CHEN Z H,TANG C A,HUANG R Q,1997. A double rock sample model for rockbursts [J]. International journal of rock mechanics and mining sciences,34(6):991-1000.

GUO D M,ZUO J P,ZHANG Y,et al,2011. Research on strength and failure mechanism of deep coal-rock combination bodies of different inclined angles[J]. Rock and soil mechanics,32(5):1333-1339.

GUO W Y, ZHAO T B, TAN Y L, et al, 2017. Progressive mitigation method of rock bursts under complicated geological conditions [J]. International journal of rock mechanics and mining sciences,96:11-22.

HE Z L,LU C P,ZHANG X F,et al,2021. Numerical and field investigations on rockburst risk adjacent to irregular coal pillars and fault[J]. Shock and vibration,2021:1-17.

HOMAND F,PIGUET J,REVALOR R,1988. Dynamic phenomena in mines and characteristics of rocks[M]. [S. l. :s. n.]:139-142.

KIDYBIŃSKI A,1981. Bursting liability indices of coal[J]. International journal of rock mechanics and mining sciences & geomechanics abstracts,18(4):295-304.

LITWINISZYN J,1984. The phenomenon of rock bursts and resulting shock waves[J]. Mining science and technology,1(4):243-251.

LU C P,DOU L M,WU X R,2006. Controlled weakening mechanism of dynamic catastrophe of coal and rock and its practice[J]. Journal of China University of Mining and Technology, 35(3):301-305.

LU C P,LIU G J,ZHANG N,et al,2016a. Inversion of stress field evolution consisting of static and dynamic stresses by microseismic velocity tomography[J]. International journal of rock mechanics and mining sciences,87:8-22.

LU C P,LIU Y,WANG H Y,et al,2016b. Microseismic signals of double-layer hard and thick igneous strata separation and fracturing[J]. International journal of coal geology,160/161: 28-41.

LU C P,LIU Y,ZHANG N,et al,2018. In-situ and experimental investigations of rockburst precursor and prevention induced by fault slip[J]. International journal of rock mechanics and mining sciences,108:86-95.

LU C P,LIU B,LIU B,et al,2019a. Anatomy of mining-induced fault slip and a triggered rockburst[J]. Bulletin of engineering geology and the environment,78(7):5147-5160.

LU C P,LIU G J,LIU Y,et al,2019b. Mechanisms of rockburst triggered by slip and fracture of coal-parting-coal structure discontinuities[J]. Rock mechanics and rock engineering,52(9): 3279-3292.

LU C P,LIU Y,LIU G J,et al,2019c. Stress evolution caused by hard roof fracturing and associated multi-parameter precursors[J]. Tunnelling and underground space technology,84:295-305.

MIAO S J,CAI M F,GUO Q F,et al,2016. Rock burst prediction based on in-situ stress and energy accumulation theory[J]. International journal of rock mechanics and mining sciences, 83:86-94.

SINGH S P,1988. Burst energy release index[J]. Rock mechanics and rock engineering, 21(2):149-155.

SINGH S P,1989. Classification of mine workings according to their rockburst proneness [J]. Mining science and technology,8(3):253-262.

TANG C A,1997. Numerical simulation of progressive rock failure and associated seismicity[J]. International journal of rock mechanics and mining sciences,34(2):249-261.

TANG C A,MA T H,DING X L,2009. On stress-forecasting strategy of earthquakes from stress buildup,stress shadow and stress transfer(SSS) based on numerical approach [J]. Earthquake science,22(1):53-62.

WANG J,YAN Y B,JIANG Z J,et al,2011. Mechanism of energy limit equilibrium of rock burst in coal mine[J]. Mining science and technology(China),21(2):197-200.

ZUBELEWICE A,MRÓZ Z,1983. Numerical simulation of rock burst processes treated as problems of dynamic instability[J]. Rock mechanics and rock engineering,16(4): 253-274.